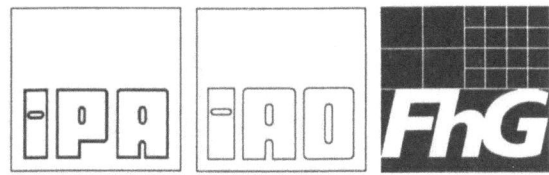

Forschung und Praxis

Band T 49

Berichte aus dem

Fraunhofer-Institut für Produktionstechnik und Automatisierung (IPA), Stuttgart

Fraunhofer-Institut für Arbeitswirtschaft und Organisation (IAO), Stuttgart

Institut für Industrielle Fertigung und Fabrikbetrieb (IFF) der Universität Stuttgart

Institut für Arbeitswissenschaft und Technologiemanagement (IAT) der Universität Stuttgart

Herausgeber: H. J. Warnecke und H.-J. Bullinger

4. Stuttgater Innovationsforum
12. und 13. September 1996

Gewinnen am Standort Deutschland – Beispiele für Quantensprünge

Herausgegeben von H. J. Warnecke
H.-J. Bullinger

Springer-Verlag Berlin Heidelberg GmbH 1995

Dr.-Ing. Dr. h.c. mult. H. J. Warnecke
o. Professor an der Universität Stuttgart
Fraunhofer-Institut für Produktionstechnik und Automatisierung (IPA), Stuttgart

Dr.-Ing. habil. Dr. h.c. H.-J. Bullinger
o. Professor an der Universiät Stuttgart
Fraunhofer-Institut für Arbeitswirtschaft und Organisation (IAO), Stuttgart

ISBN 978-3-540-61860-7 ISBN 978-3-662-11880-1 (eBook)
DOI 10.1007/978-3-662-11880-1

Dieses Werk ist urheberrechtlich geschützt. Die dadurch begründeten Rechte, insbesondere die der Übersetzung, des Nachdrucks, der Entnahme von Abbildungen und Tabellen, der Funksendung, der Mikroverfilmung oder der Vervielfältigung auf anderen Wegen und der Speicherung in Datenverarbeitungsanlagen, bleiben, auch bei nur auszugsweiser Verwertung, vorbehalten. Eine Vervielfältigung dieses Werkes oder von Teilen dieses Werkes ist auch im Einzelfall nur in Grenzen der gesetzlichen Bestimmungen des Urheberrechtsgesetzes der Bundesrepublick Deutschland vom 9. September 1965 in der Fassung vom 24. Juni 1985 zulässig. Sie ist grundsätzlich vergütungspflichtig. Zuwiderhandlungen unterliegen den Strafbestimmungen des Urheberrechtsgesetzes.

© Springer-Verlag Berlin Heidelberg 1996
Ursprünglich erschienen bei Springer-Verlag Berlin Heidelberg New York 1996

Die Wiedergabe von Gebrauchsnamen, Handelsnamen, Warenbezeichnungen usw. in diesem Werk berechtigt auch ohne besondere Kennzeichnung nicht zu der Annahme, daß solche Namen im Sinne der Warenzeichen- und Markenschutz-Gesetzgebung als frei zu betrachten wären und daher von jedermann benutzt werden dürften.

Sollte in diesem Werk direkt oder indirekt auf Gesetze, Vorschriften oder Richtlinien (z.B. DIN, VDI, VDE) Bezug genommen oder aus ihnen zitiert worden sein, so kann der Verlag keine Gewähr für Richtigkeit, Vollständigkeit oder Aktualität übernehmen. Es empfiehlt sich, gegebenenfalls für die eigenen Arbeiten die vollständigen Vorschriften oder Richtlinien in der jeweils gültigen Fassung hinzuzuziehen.

Grafische Gestaltung: IPA

Vorwort

Die vergangenen Jahre haben gezeigt, daß es für Unternehmen, die weiterhin erfolgreich am Markt agieren wollen zwingend notwendig geworden ist, neue Wege zu gehen.
Ein Patentrezept für den richtigen Schritt in die Zukunft gibt es jedoch nicht.

Entsprechend den jeweiligen Anforderungen und Einflußgrößen muß sich jedes Unternehmen individuelle Lösungen, unter Zuhilfenahme von bestehenden und neuen Methoden und Werkzeugen, erarbeiten.

Inwieweit der gewählte Weg der richtige ist, kann nur die Zukunft zeigen.

Bereits heute jedoch können einige Unternehmen beachtliche Erfolge vorweisen. Wie diese erzielt wurden und welche Rahmenbedingungen und Anforderungen dabei eine Rolle gespielt haben, soll mittels dieser Tagung verdeutlicht werden.

Wir freuen uns auf Ihre Teilnahme und hoffen Ihnen wertvolle Anregungen mitgeben zu können.

Stuttgart, im September 1996

Prof. Dr.-Ing. Dr. h.c. Engelbert Westkämper

Inhalt

Manufacturing on Demand
Engelbert Westkämper — **9**

Zukunftssicherung durch die Einführung dezentraler, dynamischer Strukturen
Adolf Gärtner — **25**

Optimierung der Auftragsabwicklung durch Auftragsteams
Fritz Unden — **47**

Management wandelbarer Produktionsnetzwerke
Stefan König — **71**

Entwicklung eines Kooperationsverbundes am Beispiel Mercedes Benz Südafrika (MBSA)
Lothar Aldinger — **87**

Kooperieren mit Kunden und Konkurrenten
Peter Pleus — **99**

Wenn Wachstum an Grenzen stößt – Herausforderung Südostasien
Benedikt Boucke — **127**

Ein Unternehmensbeispiel für die strategische Neuausrichtung in Europa
Eberhard Merz — **157**

Organisation von Logistikprozessen für internationale Beschaffungsstrukturen
Thomas Mlynek — **159**

Manufacturing on Demand

Engelbert Westkämper

Manufacturing on Demand

Professor Dr.-Ing. Dr.h.c. E. Westkämper

Institut für industrielle Fertigung und Fabrikbetrieb,
Fraunhofer-Institut für Produktionstechnik und Automatisierung
Stuttgart

1. Einführung

Marktorientierung und Marktbezug sind bekanntermaßen unabdingbare Voraussetzungen der Wirtschaft. Kein Unternehmen kann dauerhaft existieren, wenn es sich bezüglich seiner Leistungen nicht permanent auf die - sich ändernden - Anforderungen der Märkte und der von den Kunden gewünschten Produkte einstellt. Die verarbeitende Industrie erlebt aber zur Zeit unter dem Einfluß des harten internationalen Wettbewerbs und der konjunkturellen Entwicklung eine dramatische Verschärfung der Absatz- und Produktionsbedingungen:

- strukturelle Veränderungen der Märkte,
- kurzfristige Schwankungen und Zyklen in der Nachfrage,
- hohe Innovationsraten und kurze Produktlebensdauer,
- kurze Markteinführungsfristen,
- Zunahme kundenspezifischer Produkte,
- Preisverfall,
- steigende Anforderungen an Qualität und Zuverlässigkeit,
- kurze Lieferfristen.

Die marktseitigen Einflüsse auf die Unternehmen können heute durchweg als turbulent bezeichnet werden. **Bild 1** zeigt die Veränderungen im Auftragseingang über drei Jahre eines Unternehmens, das hochwertige technische Komponenten herstellt und selbst weltweit vertreibt. Die Schwankungen des gesamten Auftragseinganges betrugen mehr als 50% - bezogen auf die Plankapazität des Unternehmens. Innerhalb des gesamten Auftragseinganges traten außerdem noch starke Veränderungen zwischen den einzelnen Produktgruppen auf. Das Unternehmen plante - wie viele andere auch - seine Geschäfte auf der Grundlage eines Vertriebs- und Produktionsplanes jährlich. Bereits nach einem Monat waren die Prämissen der Planung hinfällig. Aus dem Verlauf der Vorjahre ließ sich keine Prognose ableiten, welche die zyklischen Verläufe im Auftragseingang zu erkennen vermochte und auch nur annähernd als gesicherte Basis der Geschäftsplanung dienen konnte.

Würden die dargestellten Schwankungen im Auftragseingang ohne Nivellierung, die ja Bestände zur Folge hätten, in die Produktion gegeben und würde versucht jeden Auftrag mit kürzester Durchlaufzeit zum vereinbarten Termin zu liefern, so müßten die Strukturen des Unternehmens permanent adaptiert werden, um ausgeglichene Ergebnisse zu erzielen. Der kritische Betriebs- und Arbeitspunkt, an dem gerade noch eine Kostendeckung erzielt werden kann, müßte diesen Schwankungen kurzfristig folgen.

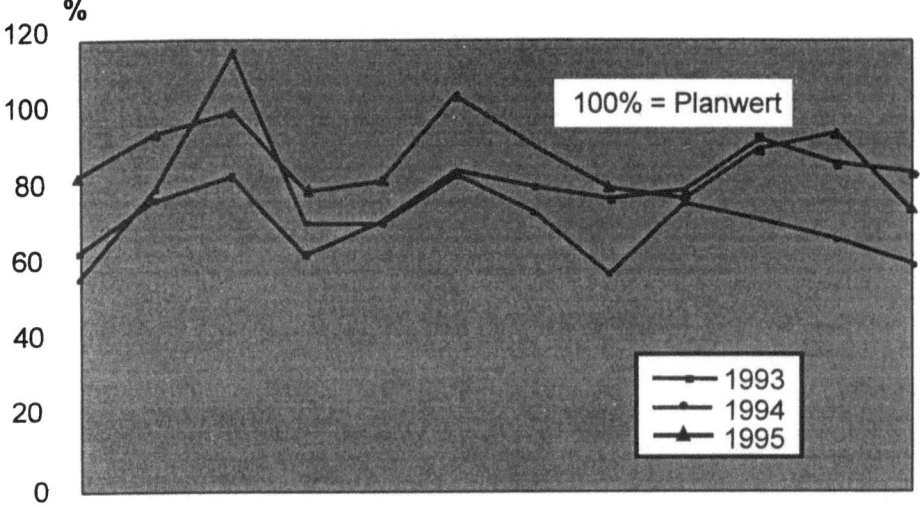

Bild 1: Relativierter Verlauf des Auftragseinganges in einem Unternehmen

Mit starren Strukturen, die nur langsam auf Veränderungen reagieren, lassen sich die heutigen Turbulenzen nicht überstehen. Vielmehr müssen Konzepte verfolgt werden, welche dynamisch auf Veränderungen reagieren können und mit denen sich selbst Vorteile in turbulenten Umgebungen realisieren lassen. Eine Produktionsweise, die derart flexibel auf spezifische Kundennachfragen bzgl. Leistung, Qualität, Menge, Kosten, und Termin reagiert, kann als „Manufacturing on Demand" bezeichnet werden. Manufacturing on Demand ist ein neues Konzept der Produktion mit wandlungsfähigen Unternehmensstrukturen, die sich stets an die konkrete Auftragssituation anpassen und die jeden Kundenauftrag mit kürzesten Wegen wirtschaftlich ausführen.

2. Reaktionsfähigkeit von Unternehmen

Remanente Kosten und fixe Kosten sowie die Kontinuität der Beschäftigung und Auslastung behindern Unternehmen sich konsequent auf die auftragsbezogene Produktion einzustellen. Das folgende Bild (**Bild** 2) stellt in einer stark vereinfachten und globalen Weise die Reaktionszeiten der Produktion dar.

Fast alle eigenen Ressourcen der Produktion lassen sich nur mittel- bis langfristig verändern. Dies gilt bekanntermaßen für die Immobilien ebenso wie für die Mobilien wie Maschinen und Anlagen. Letztere können zwar begrenzt umgerüstet werden, die Erweiterung oder die Veränderung der Kapazitäten ist jedoch in der Regel nur mittelfristig möglich. Die Änderung der Beschäftigung kann ohne höhere Kosten für Sozialpläne oder die Kosten der Personalbeschaffung und Qualifizierung nur in stark begrenztem Umfang vorgenommen werden. Arbeitszeitregelungen und gesetzliche Vorschriften schränken den Handlungsspielraum stark ein. Die Veränderung der betrieblichen Ablauf- und Aufbauorganisation ist im Grundsatz kurzfristig machbar. Eingefahrene Methoden der Organisation wie z.B. zur Strukturierung der Arbeit der Planung oder des Controling können dagegen nur mittel- bis langfristig verändert werden. Die Methoden sind zudem auch noch in den Informationssystemen manifestiert, so daß auch der Veränderbarkeit der Informationsverarbeitung Grenzen gesetzt sind.

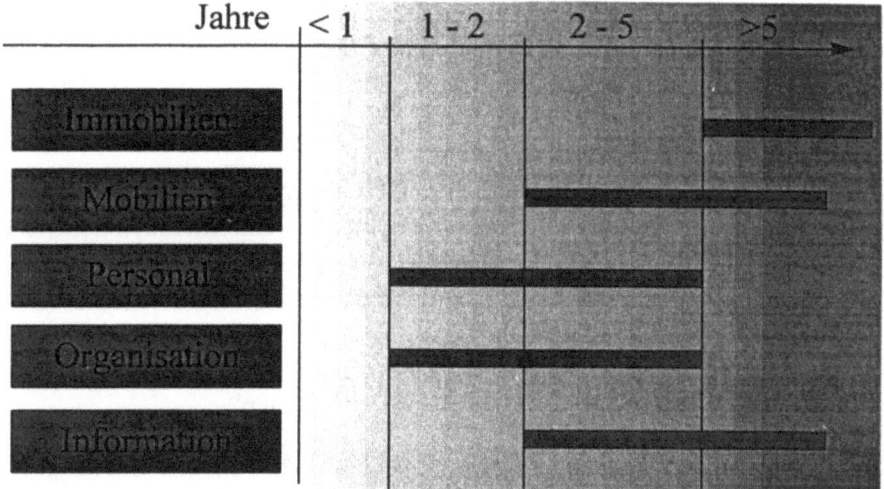

Bild 2: Reaktionszeiten der Produktion auf Veränderungen der Auftragsentwicklung

In der Folge versuchen Unternehmen mit der Geschäftsplanung und mancherorts auch mit langfristigen strategischen Planungen ihre Betriebe auf Ertragskurs zu halten. Die aus der Geschäftsplanung resultierenden Budgets gelten als Bezugslinien und Zielvorgaben. Ihnen liegt vielfach eine sehr detaillierte Planung des Verlaufs der Beschäftigung und der Kosten bis auf Kostenstellen zugrunde, die auf prognostizierten Produktionsprogrammen mit angenommenen Absatzentwicklungen beruht. Kleinere Schwankungen im Absatz werden durch Reserven oder den noch vorhandenen kleinen Handlungsspielraum des Managements ausgeglichen. Bei größeren Abweichungen werden die Geschäftspläne verändert. Nicht selten geraten diese Planungen dann zu einer konservativen und starren deterministischen Maxime des Unternehmens.

Die langen Reaktionszeiten in der Anpaßbarkeit der strukturellen Elemente heutiger Produktionsbetriebe haben hohe fixe Kosten zur Folge. Diese Fixkosten-Problematik verhindert eine dynamische Anpassung an die Marktverläufe. Das folgende Bild veranschaulicht diese Problematik. (**Bild** 3)

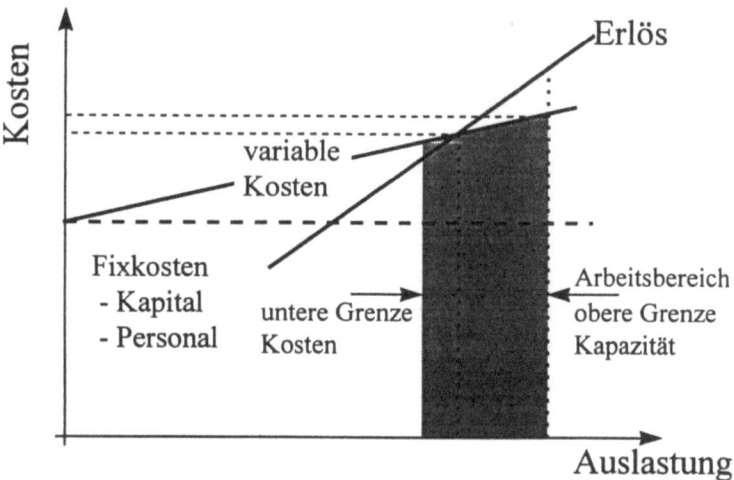

Bild 3: Begrenzung der Dynamik durch die Fixkosten-Problematik

Zu den fixen Kosten müssen alle die Faktoren gerechnet werden, die sich im Planungszeitraum nicht verändern lassen. Dies sind neben den aus Investitionen und der Infrastruktur resultierenden Kapitalkosten auch die Personalkosten, die im Planungszeitraum nicht veränderbar sind. Man muß bei Betrachtung der Reaktionsfristen feststellen, daß dieser Anteil in deutschen Unternehmen sehr hoch liegt.

Hohe fixe Kosten grenzen den Handlungsspielraum für die marktabhängige dynamische Anpassung der Strukturen sehr stark ein. Sie verpflichten die Unternehmen der Sicherung der Auslastung höchste Priorität zu geben. Um beispielsweise kurzfristige Auftragsschwankungen von 50 % zu kompensieren, müssen Strukturen gefunden werden, die

- eine kurzfristige Veränderung der Kapazitäten und
- Auftragswechsel ohne Leistungsverluste durch „Rüsten"

ohne zusätzliche Kosten erlauben. Gleichzeitig muß durch die Organisation sichergestellt werden, daß spezifische Kundenaufträge auch bei hoher Produktkomplexität sicher und mit kürzester Frist zur vollen Zufriedenheit des Kunden ausgeführt werden können. Ansätze für dieses „Manufacturing on Demand" möchte ich im folgenden darstellen.

3. Modell des „Manufacturing on Demand"

Der primäre Bedarf entsteht in den Haushalten. Sie benötigen Nahrung und Energie, Dienstleistungen und natürlich industriell oder handwerklich hergestellte Produkte. Für die an den Verbraucher direkt liefernden Produzenten besteht an einer unmittelbaren Kommunikation zwischen Haushalt und Hersteller ein hohes Interesse. Würden Beide Kommunikationssysteme mit direkter Kopplung über den Daten Highway einsetzen, so könnte ein Maximum an Marktnähe erreicht werden. Der Kunde stellt sich die von ihm gewünschte Konfiguration selbst zusammen. Der Hersteller garantiert bei Umgang mit seinen Modellen die technische Konfigurierbarkeit. Der Kunde bekommt auf diese Weise maßgeschneiderte Lösungen. Er kann mit mehreren Produzenten gleichzeitig verhandeln und sich ggf. direkt Expertisen von unabhängigen Dienstleistern einholen. Der Hersteller erfüllt die spezifische Nachfrage durch eine kundennahe Produktion und durch einen kundennahen Service.

Gelingt es dem Produzenten, eine solche Flexibilität und Qualität sicherzustellen, daß er jede Lieferanfrage zu jedem Termin - möglichst ohne Bestände - bedienen kann, so hat er in der Regel große Vorteile im Markt. Schon sind einige Unternehmen der Bekleidungsindustrie dabei, diese unmittelbare Verbindung aufzubauen und zu testen. Auf der Strecke bleiben dezentrale Verkaufs- und Lagerstellen und der Zwischenhandel. Die Dimension der sich abzeichnenden Veränderung unserer Innenstädte übersteigt noch alle unsere momentanen Vorstellungen.

Der gleiche Ablauf stellt sich zwischen dem marktnahen Unternehmen und seinen Zulieferern bzw. Ausrüstern ein. Nur sind hier die Gegenstände anders. Allerdings wird die gegenseitige interaktive Kommunikation vielleicht noch schneller als im vorgenannten Falle zum zentralen Element. Sie beschränkt sich auch hier nicht auf formale Daten oder Informationen. Bild und Sprache sind ebenso einzubeziehen.

Der Hersteller kann dieser Marktnähe nur gerecht werden, wenn er eine extreme Kapazitätsflexibilität bei gleichzeitig kürzesten Lieferzeiten realisieren kann. Jeder Auftrag ist kundenspezifisch zu managen. Schwankungen in dem Kapazitätsbedarf müssen kompensiert werden. Es ist klar, daß dies in unseren heutigen starren Strukturen kaum möglich erscheint. Also müssen die Strukturen dynamisiert werden. Von zentraler Bedeutung ist dabei die Eigenständigkeit einzelner Elemente der Organisation und ihre Einbindung in die jeweiligen konkreten Ziele und in die Prozeßketten, die in der Abwicklung einzelner Aufträge zu durchlaufen sind **(Bild 4)**

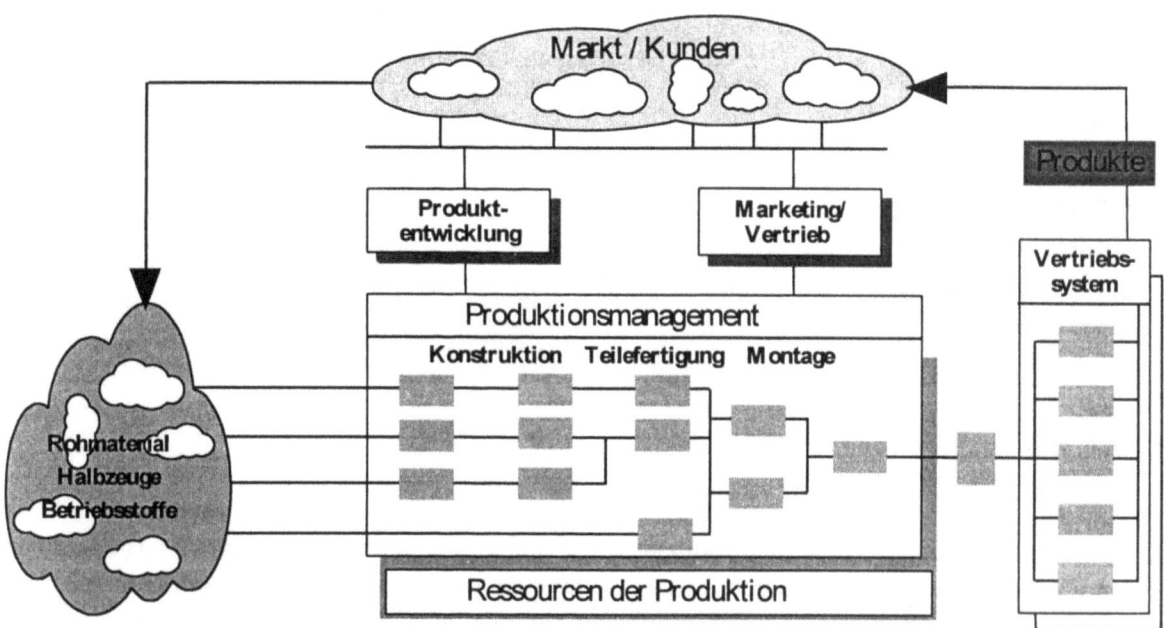

Bild 4: Marktorientierte Produktion im Netzwerk

In einer auf Markt- und Kundennähe sowie Dynamik und Vernetzung ausgerichteten Unternehmensphilosophie läßt sich der Begriff der Virtualität hervorragend anwenden. Er könnte gar als Vision für zukünftige Unternehmensstrukturen in einer total vernetzten Welt herhalten. Wir sprechen vom „virtuellen Unternehmen", einem Unternehmen, das nur vorübergehend eine feste Struktur und Organisation aufweist, welches also eine bedarfsorientierte Organisation mit zielvariablen Produktionsstrukturen hat. In einem solchen Unternehmen ändert sich die Struktur permanent und in kürzesten Zeiten. Sie kann nur in offenen Netzwerken mit selbständigen Elementen funktionieren. Allein auf diese Weise ist es möglich, den Bedarf an Ressourcen kurzfristig veränderbar zu gestalten. Einzelne Elemente, die an einem offenen Netz partizipieren, können ebenfalls kurzfristig in die Auftragsabwicklung einbezogen werden. Besteht kein Bedarf, so verschwinden sie wieder.

Im Grundsatz lassen sich die geforderten Bedingungen nur in Unternehmen mit vernetzten und offenen Strukturen realisieren. Diese Unternehmen leiten ihre Produktentwicklung und ihre Strategien unmittelbar aus der **Beobachtung des Marktes** ab. Marktbeobachter analysieren permanent die Veränderungen der Nachfrage und die Anforderungen. So können zum Beispiel Distributions- und Kommissionsläger ständig abgefragt werden und der Kontakt zu den Kunden selbst mit VR-Methoden gepflegt werden. Aufträge werden vor Ort exakt geklärt und über das Netz unmittelbar an das Auftragsmanagement bzw. in deren Systeme eingegeben.

Merkmale

- Frakale Strukturen
- Zentrale Strategie
- Zentrales Auftragsmanagement
- Dislozierte Arbeitsplätze
- Zielvariabilität
- Flexible Kapazitäten
- Informationstechnische Vernetzung

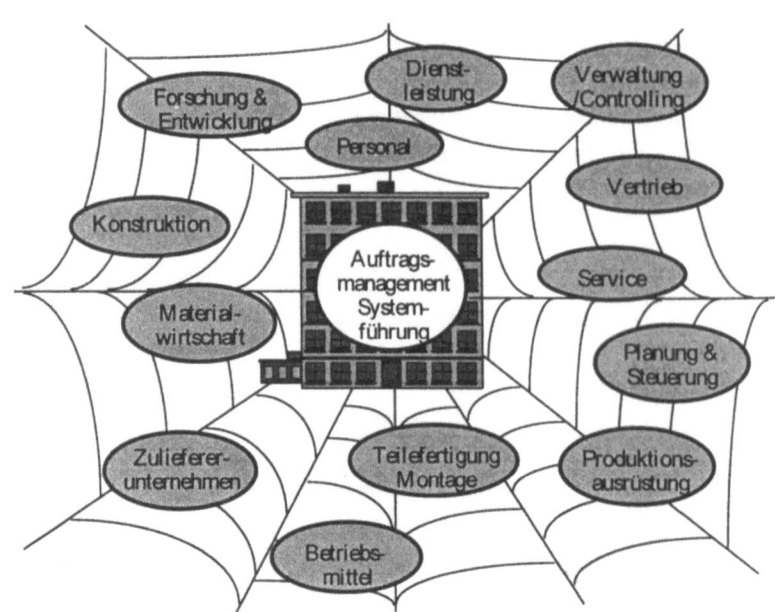

Bild 5: Das virtuelle Unternehmen

Die Unternehmen beherrschen die Produktsysteme und verfügen über Prozeßketten aus autarken, dynamischen und wandlungsfähigen Leistungseinheiten, die in einem Netzwerk miteinander verbunden sind. Die einzelnen Leistungseinheiten optimieren sich selbst und operieren eigenständig auf ihren jeweiligen Märkten. Durch eine permanente **Beobachtung des Beschaffungsmarktes** sichern sie sich den Zugang zu den günstigsten und kurzfristig verfügbaren Ressourcen zur Herstellung der Produkte. Beschaffungsmarktbeobachter versuchen ständig herauszufinden, wo sich die weltbesten Ressourcen für Entwicklung, Produktion und Dienstleistung anbieten oder nutzen lassen. Das Auftragsmanagement erlaubt die Weitergabe der Kundenaufträge und der spezifischen Anforderungen unmittelbar an die Leistungseinheiten. Das Controling erfolgt zur Selbstoptimierung dezentral in den Leistungseinheiten. Ein offenes Kommunikationssystem macht die Netzwerke dynamisch.

Die Nachfrage aus dem Markt wird darin unmittelbar über ein Kommunikationssystem dem Auftragsmanagement zugeleitet. Wünsche bzgl. Produkteigenschaften, -konfiguration, Liefertermin und Lieferbedingungen werden direkt zugesagt.

- **Produktion nur im Kundenauftrag**
- **Verkürzte robuste Prozeßketten**
  - Markt - Prototyp - Serienprodukt
  - Angebot - Auftrag - Fertigung - Lieferung
- **Wandlungsfähige Produktionskonzepte**
  - Autonome Leistungseinheiten
- **Produktion im Netzwerk**
  - Virtuelle Elemente
- **Integriertes Auftragsmanagement**
  - Kunde - Kunde
- **Lernfähigkeit zur Selbstoptimierung**

Bild 6: Leistungsmerkmale des Manufacturing on Demand

Es ist vorstellbar, daß Unternehmen sogar eine kurzfristige Lieferung als bindende Zusage unabhängig von der Auslastungssituation garantieren. Produziert wird nur auf Kundenauftrag. Die aus dem einzelnen Auftrag resultierenden Spezifikationen werden unmittelbar an die Produktion weitergegeben. Dies ist gilt nicht nur für Termine und Qualität sondern auch für Preise und Kosten. Auf diese Weise wird der gesamte Marktdruck direkt als Zielvorgabe in die Produktion geleitet. Geliefert wird ohne Distributionsläger direkt an den einzelnen Kunden. Die Leistungsmerkmale dieser Unternehmen lassen sich wie in **Bild 6** dargestellt zusammenfassen.

Im Vordergrund der Marktorientierung stehen kurze Liefer- und Durchlaufzeiten. Es bedingt, daß die Prozeßketten von der Produktidee bis zum Prototypen und marktreifen Produkt unter Berücksichtigung der für einzelne Marktsektoren entscheidenden Anforderungen extrem verkürzt werden müssen. Dies gilt ebenso für die Prozeßkette vom Angebot, der technischen Klärung der Spezifikation bis zum konkreten Herstellungsauftrag. Zur Verbesserung der Dynamik und Marktorientierung werden dezentrale Organisationskonzepte verfolgt, wie sie in dem Gedankengut der fraktalen Fabrik niedergelegt sind. Die Wandlungsfähigkeit der technischen Einrichtungen in der Produktion wird durch flexible zielvariable Systeme erreicht. Die Selbstoptimierung kann durch Lernfähigkeit unterstützt werden.

4. Wandlungsfähige Produktion

4.1 Prozeßkette: Produktidee - Marktreife Produkte

In vielen Bereichen der industriellen Produktion wird versucht, Produkte, die sich in einem regionalen Markt bewährt haben, auch global erfolgreich zu vermarkten. Dabei wird unterstellt, daß zwischen den Regionen nur unwesentliche Unterschiede in den Anforderungen bestehen. Tatsache ist aber, daß es regional unterschiedliche Funktions-, Qualitäts- und Leistungsanforderungen gibt. Eine konsequente Marktorientierung muß diesen Gegebenheiten ebenso gerecht werden, wie den spezifischen Bedarfen und der Nachfrage. Hinzukommt, daß der Markterfolg mehr und mehr auch davon abhängt, ob regionale Beiträge zur Produktion und Beschäftigung geleistet werden. Kooperationen, Off-Set, Bezug von Komponenten aus dem jeweiligen Land, Nutzung der vorhandenen Infrastruktur und andere Anforderungen entwickeln sich immer mehr zu strategischen Erfolgsfaktoren. Eine konsequente Marktorientierung hat zur Folge, daß die Produktpaletten und die Produktvarianten ausgeweitet werden müssen und die Entwicklungskosten steigen.

Das „Manufacturing on Demand" verlangt deshalb bessere Instrumente, um schneller mit marktreifen Produkten im spezifischen Markt zu erscheinen und besser die Verwendung regionaler Ressourcen zu nutzen. Der Bezug von regionalen Leistungen erfordert deshalb auch eine vernetzte Entwicklung. Bereits heute nutzen innovative Unternehmen diese Möglichkeiten, indem sie die regionalen Anforderungen an ihre Produkte systematisch analysieren und darüber hinaus global nach den besten Lösungen und billigsten Entwicklungsmöglichkeiten suchen. Die Beobachtung der Absatz- und der Beschaffungsmärkte werden konsequent und global betrieben.

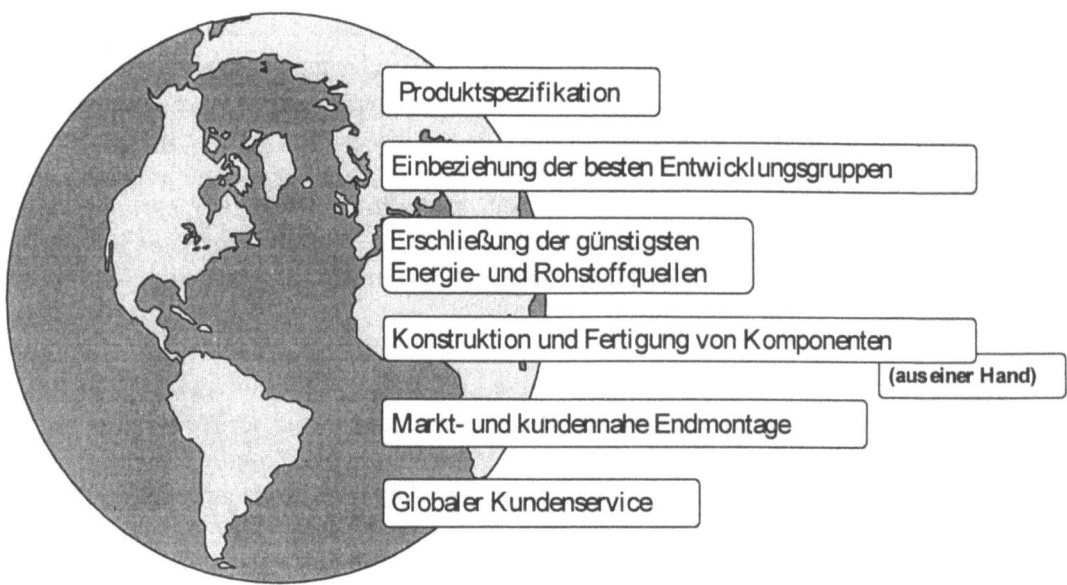

Bild 7: Nutzung globaler Ressourcen

Nicht nur Arbeit mit niedriger Wertschöpfung wird globalisiert, sondern auch die Entwicklung und Konstruktion. Das **Bild 7** zeigt, wie einige Unternehmen mittlerweile vorgehen. Die Spezifikation neuer Produkte erfolgt aufgrund intensiver Recherchen der Marktanforderungen und des Standes der Technologie im eigenen Land. Zur Entwicklung einzelner Komponenten sucht man weltweit nach den besten und kreativsten Ingenieursgruppen. Hieraus entstehen Prototypen, die intensiv in der Praxis erprobt und verbessert werden. Die Konstruktion und Fertigung von Baugruppen wird wiederum weltweit vergeben. Es zeichnet sich klar ab, daß die Prozeßkette von der Detailkonstruktion bis zur Fertigung von Einzelteilen und Komponenten nicht unterbrochen wird, sondern in einer Hand bleibt. In den jeweiligen Märkten erfolgt dann die Endmontage, um wiederum eng am Kunden bleiben zu können. Der Kundenservice wird ebenfalls im internationalen Netzwerk regionalisiert.

Um mehr Beweglichkeit, Dynamik und Flexibilität zu erreichen, werden nur aufgabenbezogene Kontrakte abgeschlossen. In großer, steigender Zahl werden also Mitarbeiter beschäftigt, die in keinem Anstellungsverhältnis mehr stehen. Entwicklungsverträge werden mit Projektgruppen geschlossen, die besonders innovativ sind. Die Produktion nutzt die Ressourcen dort, wo die Vorteile am größten sind.

4.2 Prozeßkette: Angebot - Produktionsauftrag

Von entscheidender Bedeutung ist jedoch die konkrete Abwicklung des Kontaktes zum einzelnen Kunden bzw. die Prozeßkette vom Angebot bis zum Produktionsauftrag. Hier verlieren wir heute sehr viel Zeit. Gelingt es, bereits die Angebote konkret auf den Kundenwunsch zuzuschneiden und die Technik durch intelligente Konfiguratoren bereits beim Kundengespräch zu klären, so können große Zeitvorteile erreicht werden.

Das folgende Beispiel aus dem Fahrzeugbau veranschaulicht diesen Weg. Bisher durchlief die Prozeßkette nach arbeitsteiligem Prinzip viele Stationen: Beantwortung der Anfrage, Erstellung eines Angebotes, Besprechung des Angebotes, Technische Auftragsklärung, Auftrags- und

Preisverhandlung, Beauftragung, Angebotsbearbeitung, Auftragsfreigabe und -auflösung. Durch Konfigurationssysteme, die vorbereitete technische Lösungen und ihre Verknüpfungsfähigkeit beinhalten und Angebotsunterstützungssysteme, lassen sich bereits Datenstrukturen aufbauen, die unmittelbar nach der Auftragserteilung in den Betrieb gegeben werden können. Diese Systeme lassen sich zu integrierten Vertriebs-, Auftrags- und Servicesystemen ausbauen.

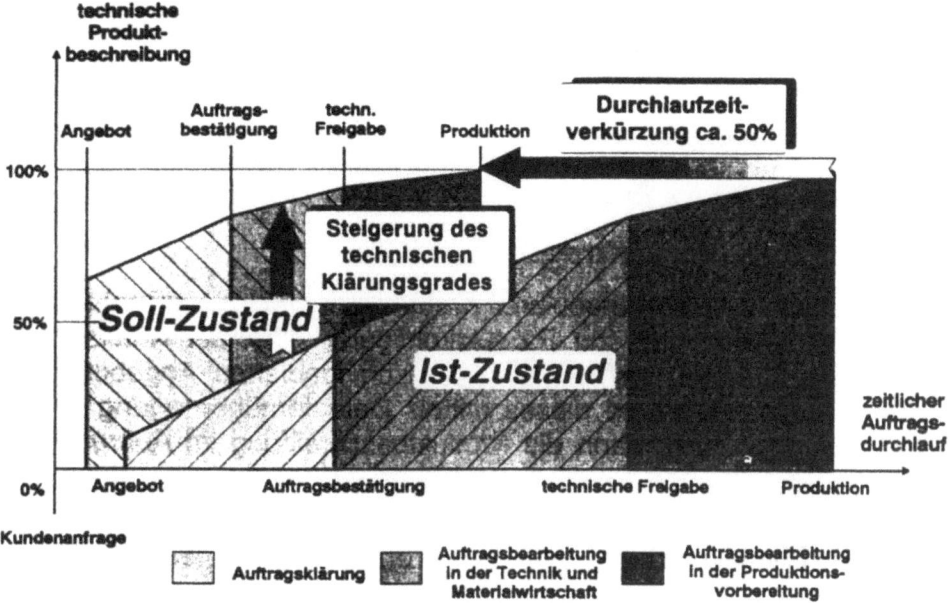

Bild 8: Verkürzung der Prozeßkette Angebot - Produktionsauftrag

Ebenso lassen sich Bedarfe und Bedarfsänderungen in verteilten Distributionssystemen unmittelbar mit der Produktionssteuerung über Netzwerke erfassen und mit der Auftragssteuerung integrieren.
Den Unternehmen gibt das Prinzip des Manufacturing on Demand über Netzwerke folgende Möglichkeiten:
- unmittelbare Verhandlung von Angebot und Spezifikation mit dem Kunden
- Interaktive Gestaltung des Produktes durch bzw. gemeinsam mit dem Kunden
- Situationsabhängige Veränderung der Ressourcen in einem globalen Produktionsnetzwerk
- Präventive Optimierung der Auftragsabwicklung und der Prozesse durch interaktive Simulation

Durch die Integration der Prozeßkette von der Bedarfsentstehung bis zur Freigabe von Produktionsaufträgen läßt sich ein sehr enger Marktbezug herstellen. Er muß aber seinen Niederschlag in der Wandlungsfähigkeit der Produktion selbst finden. Gerade diese Thematik war Gegenstand vieler Ausarbeitungen. Professor Warnecke formulierte vor einigen Jahren die „fraktale Fabrik" als eine Fabrik bzw. als ein Unternehmen mit dynamischen wandlungsfähigen Strukturen.

4.3 Wandlungsfähige Produktionssysteme

Er definierte die „Fraktale Fabrik" als ein Unternehmenskonzept aus eigenständigen und sich selbst organisierenden Zellen, die in ein Informations- und Kommunikationssystem eingebunden sind. Die einzelnen Fraktale oder Leistungseinheiten arbeiten autark in einem Zielsystem und optimieren sich selbst.

Die Produktion ist bei dem Manufacturing on Demand gezwungen, ihre technische und kapazitive Flexibilität bei extrem hohen Leistungsanforderungen zu steigern. Außerdem muß die technische Struktur noch zielvariabel in Abhängigkeit von der jeweiligen Problemsituation gestaltbar und konfigurierbar sein. Die sich konkret bietenden Möglichkeiten sollen am Beispiel der Montage kurz beleuchtet werden.

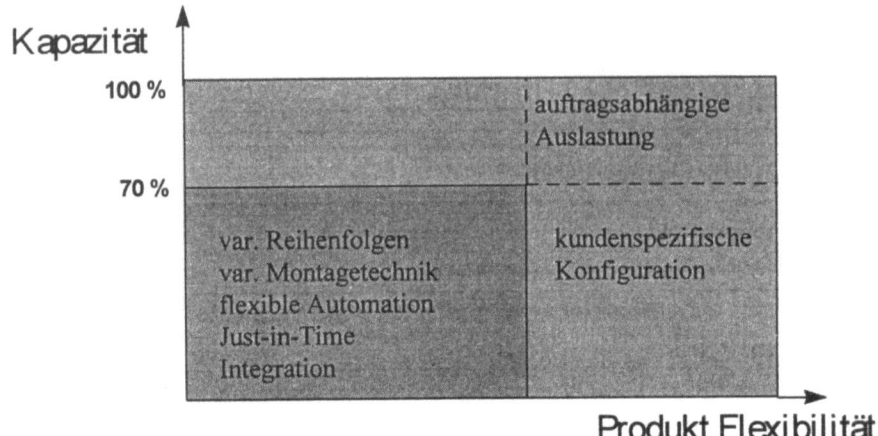

Bild 9: Zielvariables Montagesystem

Wie in dem **Bild** dargestellt, muß ein Montagesystem, wenn es kundennah operieren will, in bezug auf die Produktvarianten und die Kapazität und Reihenfolge flexibel gestaltet werden. Das heißt, daß die Erfüllung von Kundenforderungen in bezug auf die Individualität des zu liefernden Produktes, seiner Qualität und der Terminzusage höchste Priorität bekommt. Durchlaufzeiten müssen gekürzt werden. Auch einzelne Produktionsbereiche werden so zur virtuellen Maschine.

Ein solches Konzept fordert natürlich die Zulieferer, die ja ohnehin schon extremen Termindruck erfahren und Liefertreue bei niedrigen Preisen erreichen müssen, in dem engen logistischen System erneut heraus. Macht ein Automobilbauer seinen Kunden die Zusage, daß das von ihm gewünschte Produkt binnen 14 Tagen geliefert wird, und er selbst benötigt für Disposition und Montage allein 4 Tage, so verbleibt der übrigen Prozesskette nur extrem wenig Zeit, um die Leistung zu erbringen.

Offene Netzwerke der Produktion, in die sich jedes Fraktal bzw. jede Leistungseinheit je nach Aufgabenstellung "einloggen" kann, sind eine Antwort auf die kapazitive und technische Flexibilität, die mit eigenen Ressourcen nicht erreichbar ist. Dies eröffnet selbst dem Zulieferer als Leistungseinheit oder auch einer Organisation die Möglichkeit, sich nach Belieben einzubringen oder auszusteigen. Auf diese Weise entstehen virtuelle Unternehmensstrukturen. In einem virtuellen Unternehmen arbeiten die Mitarbeiter real nur dann gemeinsam an einem Ort, wenn es zur Verkürzung der Prozeßketten und zur wirtschaftlichen Fertigung unabdingbar notwendig ist. Scheinbar können dagegen mehrere Mitarbeiter oder Mitarbeitergruppen, die lokal weit voneinander entfernt sind, in dem Unternehmen zusammenarbeiten. Dieses Unternehmen existiert auch nur scheinbar und nicht real mit allen seinen Ressourcen an einem Ort, sondern es ist disloziert, und seine Prozesse sind lediglich durch Information und Kommunikation miteinander verbunden.

4.4 Offene Produktionsnetzwerke

So entsteht eine neue Produktionsform mit virtuellen Elementen, die ihrem Charakter nach eine virtuelle Maschine sind: In offenen weltweit operierenden Netzwerken wird akquiriert, produziert und abgewickelt.

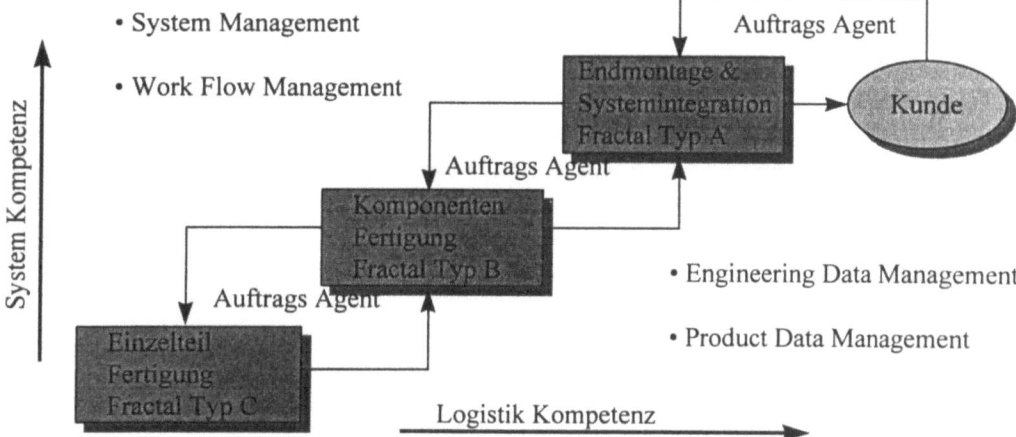

Bild 10: Produktion in offenen Netzwerken

Die unmittelbare Marktnachfrage trifft in diesem Konzept zunächst die Montage. Die Montage sollte um kurze Wege zum Kunden zu garantieren deshalb als erstes marktnah ausgerichtet werden. Ihr kommt die Bedeutung des Systemführers zu, der sich eigenverantwortlich bei den Komponentenlieferanten zu versorgen hat. Die Komponentenhersteller wiederum bedienen sich der Hersteller einzelner Teile. So entsteht eine Systemhierarchie, die für die Wertschöpfung und Marktorientierung von außerordentlicher Bedeutung ist. Man kann in dieser Hierarchie wie dargestellt drei Unternehmenstypen ausmachen, die sich in ihrer Funktion und Rolle unterscheiden.

Mit diesen Entwicklungen verändert sich die Wertschöpfungsstruktur erneut. Die höchste Wertschöpfung erreicht ein Unternehmen, welches das gesamte System d.h. Produkt und Produktion im Netzwerk beherrscht bzw. die sogenannte Systemführungskompetenz besitzt. Im Bereich der Produktion von Komponenten werden sich dafür weltweit neue Chancen bieten, da diese die eigentlichen Träger der Innovation und technischen Entwicklung sein werden. In gewissem Sinne sind auch solche Unternehmen Systemlieferanten, die sich wiederum der Sublieferanten bedienen. Die Kompetenz auf der Produkt- und der Produktionsseite verlagert sich also nach oben. Das Systemmanagement und die dazu genutzten Hilfsmittel werden zu den entscheidenden Erfolgsfaktoren.

Für diese Unternehmensstrukturen müssen neue Produktionsplanungs- und -steuerungssysteme entwickelt werden. Einen Weg zur Organisation der Beziehungen zwischen den Unternehmen scheinen sogenannte Agentensysteme zu weisen. Darin werden die zu vergebenden Aufträge wie auf einem freien Markt nachgefragt, angeboten und bzgl. der Konditionen ausgehandelt.

Schon heute schätzen Unternehmen das Wachstum der Produktdaten-Management-Systeme und Konfigurationssysteme auf jährlich 27 %. Man rechnet damit, daß bis zum Jahre 2000 weltweit 60 - 80 % aller Produktionsplanungs- und -steuerungssysteme ersetzt werden müssen. Da die meisten Unternehmen noch nach alten arbeitsteiligen Methoden organisiert sind, wird auch ein hoher Bedarf an Umstrukturierung und Rationalisierung entstehen. Diejenigen, die diese Veränderungen nicht schnell genug vollziehen, werden nicht überleben können.

4.5 Selbstoptimierung und Lernfähigkeit

Die hohe Dynamik schöpfen die dargestellten Konzepte vor allem aus der permanenten Verbesserung und Selbstoptimierung. Das Verbessern geschieht in einer turbulenten und komplexen Umgebung mit ständig wechselnden Einflußgrößen und Faktoren. Durch Ordnen, Systematisieren, durch Steuern und Lenken sollen Wege gefunden werden, welche zur ständigen Leistungssteigerung beitragen. Es gibt demnach eine Vielzahl von Möglichkeiten und Formen des industriellen Lernens /9/. Man kann die Maßnahmen des industriellen Lernens in vier Gruppen einteilen, die sich durch eine unterschiedliche zeitliche Reichweite der Wirkung unterscheiden.

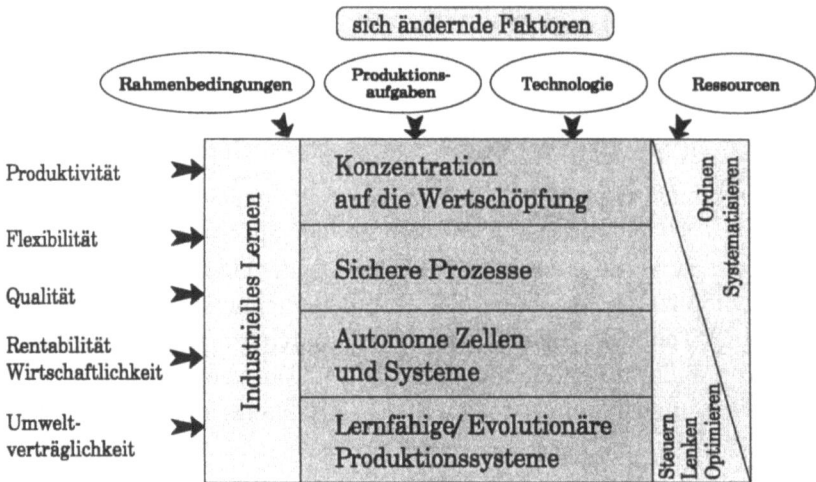

Bild 11: Lernen die Produktion zu optimieren

Die Vereinfachung und Konzentration auf die eigentliche Wertschöpfung eliminiert die Verschwendung im Betrieb. Lean production, Kaizen, KVP und andere Methoden gehören zu diesem Bereich der kurzfristig wirksamen Ansätze. Die dabei angewandte Methodik versucht, das Wissen und die Erfahrungen der direkt an den Geschäftsprozessen beteiligten Mitarbeiter zu aktivieren. Komplexe Systeme werden dadurch einfacher und beherrschbar gemacht.
Je sicherer die Prozesse in ihren jeweiligen Arbeitsbereichen betrieben werden, um so geringer sind Nutzungsverluste in der Produktion. Die Produktionsprozesse sind im Grundsatz instabil. Je höher wir sie in den Grenzbereichen betreiben, um so unsicherer werden sie. Durch eine präventive Qualitätssicherung, durch Verbesserung der Prozeßfähigkeit und durch eine konsequente Anwendung der Methoden des Qualitätsmanagements lassen sich Fehler und Störungen im Betrieb reduzieren und damit auch Leistungssteigerungen erzielen.

Uns stehen heute Höchstleistungstechnologien zur Verfügung wie z.B. die Hochgeschwindigkeitsbearbeitung, deren wirtschaftliche Nutzung das technische Wissen um die Gestaltung der Maschinen und Einrichtungen, um ihre jeweiligen Anwendungsgebiete und ihren Betrieb voraussetzt. Sensoren und Prozeßüberwachungssysteme können uns dabei helfen, auch instabile Prozesse in Grenzbereichen von Qualität und Leistung sicher zu betreiben. Unsere Maschinen werden dadurch zu intelligenten, ihre Fehler selbst kompensierenden, sozusagen autonomen, Fertigungszellen und -systemen mit integrierter Qualitätsregelung.

Die ständige Verbesserung der Produktion kann auch als industrielles Lernen bezeichnet werden. Im Grundsatz sind die Potentiale der Leistungsverbesserung bzw. des Lernens bekannt. Sie liegen einmal in der Leistungssteigerung der direkten Wertschöpfung, in der Reduzierung von Blind- und Scheinleistung, in der Vermeidung von Verschwendung jeglicher Art und in der Beseitigung von Störungen und Fehlern. Wenn alles getan würde, was zur Vermeidung von Fehlern oder Störungen führt, wenn die Informations- und Materialwege kurz würden und alle Tätigkeiten, die nicht der direkten Wertschöpfung dienen, vermieden werden könnten, so verlören unsere Abläufe ihre Reibungsverluste. Sie würden sich besonders beim Anlauf neuer Produkte und in einer marktorientierten Produktion kleiner Stückzahlen bemerkbar machen.

Die Theorie des Lernens in der Produktion wird durch ein Gesetz des Lernens ergänzt, das amerikanische Wissenschaftler bereits nach dem Zweiten Weltkrieg auf der Grundlage umfangreichen statistischen Materials aus der Flugzeugproduktion sammelten und das unter turbulenten Bedingungen entstanden ist. Der Zusammenhang besagt, daß mit jeder Verdopplung der Menge der Aufwand je Produktionseinheit um einen bestimmten Prozentsatz sinkt.

Wenn es richtig ist, daß Information und Kommunikation einen entscheidenden Einfluß auf die Lernfähigkeit und die Lernraten ausüben, dann sollten wir beginnen, diese Techniken systematisch zur kontinuierlichen Verbesserung aller Prozesse und Vorgänge in der Produktion zu nutzen. Es ist sicher allgemein verständlich, daß man bei Planungen versucht, die Fehler der Vergangenheit nicht zu wiederholen. Ähnlich müßte man überall dort vorgehen, wo Wiederholungen von Prozessen und Vorgängen auszuführen sind. Darüber hinaus ist es naheliegend, auch die modernen Methoden der Informatik zum Verbessern durch Lernen heranzuziehen.

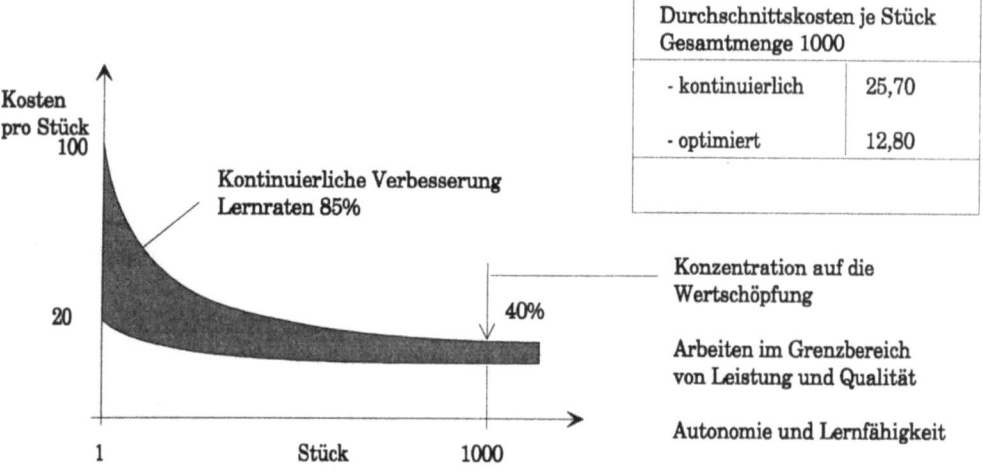

Bild 12: Modellrechnung zur Lernfähigkeit einer industriellen Produktion

Wir bewerten die Produktion heute nicht nur nach den direkten Kosten, sondern auch nach der Termineinhaltung und nach Durchlaufzeiten. Die Lernkurve kann genauso gut auch auf die Prozeßfähigkeit, die Logistikfähigkeit oder auf die Qualität angewendet werden. In den Lernkurven liegen die Zielwerte für die Selbstoptimierung. Es ist vorstellbar, diese als Leistungskennwerte zum Selbstcontrolling heranzuziehen.

5. Zusammenfassung

Man kann nach diesen Überlegungen eine neue Philosophie zukünftiger Produktionskonzepte formulieren. Diese Philosophie geht nicht mehr von einer globalen, generalistischen Architektur des langfristig zu schaffenden optimalen Unternehmens aus. Sie unterstellt auch nicht eine perfektionistische Planung, die alles vorausbestimmt und im Vorfeld detailliert regelt, sondern ein durch Pragmatismus, Eigenverantwortung und Effizienz geprägtes Handeln mit dennoch weitreichenden technischen und organisatorischen Visionen. Sie verlangt im Grundsatz die Fähigkeit, auf allen Gebieten zu lernen und konsequent unter Zuhilfenahme modernster Informations- und Kommunikationstechnik zu verbessern. Es ist möglich, aus dem Wissen um die theoretischen Zusammenhänge neue Produktionskonzepte für die Zukunft zu entwickeln. Wenn der Mensch mit seiner Aufgabe, die Komplexität zu beherrschen, überfordert ist, müssen wir versuchen, entweder die Maschinen und Systeme zu vereinfachen oder ihm Hilfsmittel zu geben, diese Aufgabe zu bewältigen. Wir besitzen heute die technischen Mittel, um zukunftsorientierte Produktionskonzepte zu realisieren, die eine hohe Komplexität beherrschen und zugleich auch noch Lernfähigkeiten aufweisen.

1	Warnecke, H.-J.	Die Fraktale Fabrik Springer-Verlag Berlin Heidelberg 1992
2	Westkämper, E.	Mit leistungsfähigen Technologien Werkstücke mit hoher Präzision fertigen. In: Hohe Prozeßsicherheit, Hohe Leistung, Hohe Präzision Essen, Vulkan-Verlag 1993
3	Wildemann, H.	Die Modulare Fabrik - Kundennahe Produktion durch Fertigungssegmentierung München: gfmt, 1988
4	Womack, J.P. Jones, D.T. Roos, D.	The Machine that Changed the World Frankfurt/M, New York: Campus, 1991
5	Imai, M.	Kaizen: der Schlüssel zum Erfolg der Japaner im Wettbewerb München: Langen Müller Herbig, 1991
6	Westkämper, E.	Intelligente Werkzeugmaschinen für die Produktion 2000 Düsseldorf: VDI-Z 1993
7	Wildemann, H.	Fertigungsstrategie, Reorganisationskonzepte für eine schlanke Produktion und Zulieferung Transfer-Centrum-Verlag GmbH, München 1993
8	Malik, F.	Strategie des Managements komplexer Systeme Verlag Paul Haupt, Bern, Stuttgart
9	Westkämper E.	Durch industrielles Lernen die Leistung der Produktion steigern (HOB) 11/93, AGT Verlag Thum

Zukunftssicherung durch die Einführung dezentraler, dynamischer Strukturen

Adolf Gärtner

4. Stuttgarter Innovationsforum
12. und 13. September 1996, Stuttgart

Zukunftssicherung durch die Einführung dezentraler, dynamischer Strukturen

Dr. Ing. Adolf W. Gärtner
Vorsitzender der Geschäftsführung
Europipe GmbH, Ratingen

EUROPIPE

Zukunftssicherung durch die Einführung dezentraler, dynamischer Strukturen

➢ Das Unternehmen

➢ Der Ausgangszustand: Wir müssen besser werden?

➢ Der Ansatz

➢ Die Teilschritte: Vom Pilotfraktal zum Auftragszentrum

➢ Bewertung der Widerstände

➢ Ausblick!

EUROPIPE

Gliederung

Folien Dr. Gärtner, Stuttgarter Innovationsforum

Europipe GmbH, Ratingen

Im weltweiten Vergleich führender Hersteller von Großrohren aus Stahl für den Transport von flüssigen und gasförmigen Medien (Hauptanteil: Gaspipelines on- und offshore).

Durchmesser:	> 400 mm - 1.600 mm
Wanddicke:	8 mm - 40 mm
Umsatz:	~ 1 Mrd. DM/a
Mitarbeiter:	~ 1.000
Produktion:	~ 1 Mio. t / 3.000 km pro Jahr
Werke:	Mülheim an der Ruhr, Deutschland Dünkirchen / Joeuf, Frankreich Panama City, Florida, USA
Beteiligung:	eupec Rohrbeschichtung, Mülheim an der Ruhr mit Werken in Mülheim, Dünkirchen, Joeuf, Panama City, Indonesien
Anteilseigner:	- Mannesmannröhren-Werke AG 50 % - AG der Dillinger Hüttenwerke 50 %

Das Unternehmen

EUROPIPE

Folien Dr. Gärtner, Stuttgarter Innovationsforum

- Gute Wettbewerbsposition
- Kein *akuter* Leidensdruck

- Relativ unverändertes Organisationsniveau, vor 20 Jahren mit Investitionen gestaltet und geprägt durch eine starke Tradition (Stahlbranche, Firmentradition)
- Klassische hierarchische Aufbauorganisation mit langen Entscheidungswegen
- Abteilungsgrenzen wie "Mauern"
- Geringer Qualifikationsgrad in der Produktion, mittlerer Qualifikationsgrad in indirekten Bereichen
- Unbefriedigende Mitarbeitermotivation (Indikatoren: Krankenstand, BVW-Vorschläge, ..)
- Traditioneller Führungsstil

Ausgangssituation

Folien Dr. Gärtner, Stuttgarter Innovationsforum

EUROPIPE

Der Wandel auf die künftige Organisationsstruktur hin ist nicht von heute auf morgen vollziehbar, sondern muß von der Unternehmensleitung, der mittleren Führungsschicht und von den Mitarbeitern erarbeitet werden.

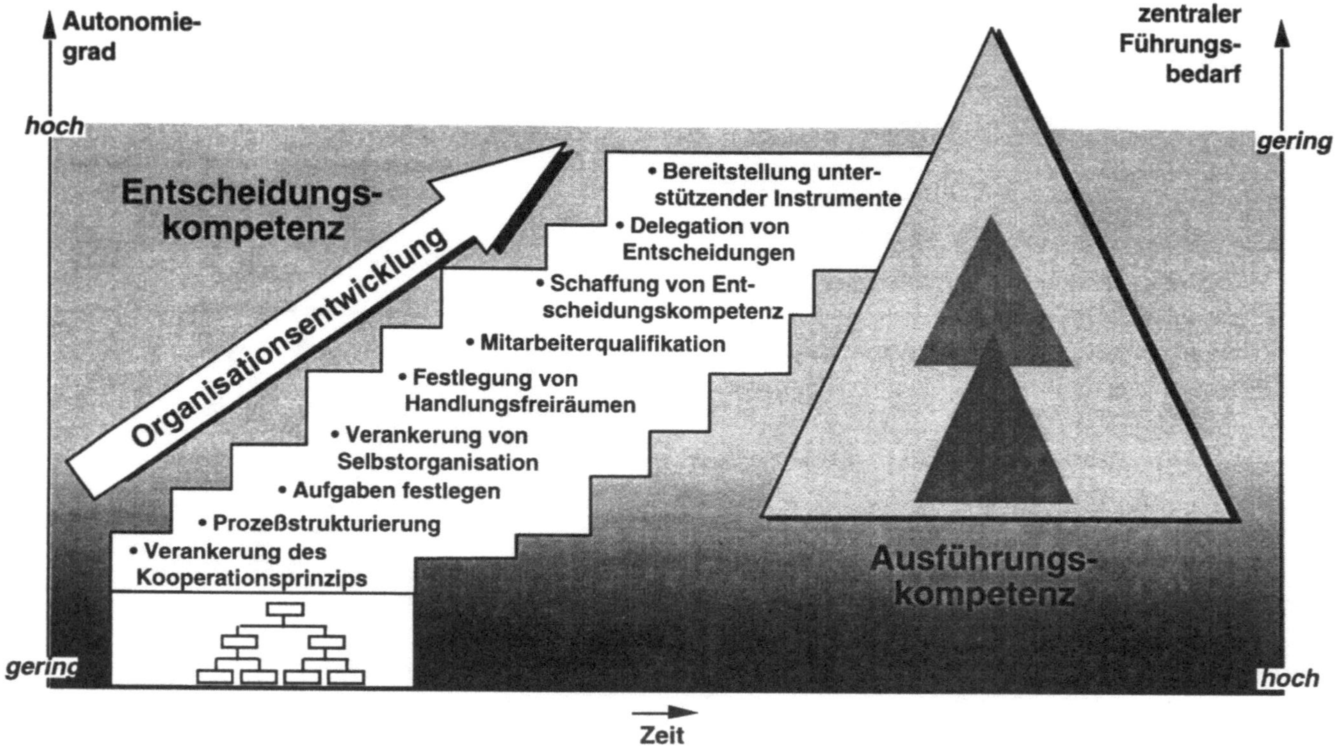

Dazu ist ein Umdenken notwendig:

Der eigene Erfolg hängt vom Gesamtergebnis ab.

An den Nahtstellen wird Leistung zum Erfolg.

Vordenken und Vorgeben wird ersetzt durch Motivieren und Lenken.

- Bereitstellung unterstützender Instrumente
- Delegation von Entscheidungen
- Schaffung von Entscheidungskompetenz
- Mitarbeiterqualifikation
- Festlegung von Handlungsfreiräumen
- Verankerung von Selbstorganisation
- Aufgaben festlegen
- Prozeßstrukturierung
- Verankerung des Kooperationsprinzips

Autonomiegrad: hoch / gering
zentraler Führungsbedarf: gering / hoch
Zeit

Entscheidungskompetenz
Ausführungskompetenz
Organisationsentwicklung

Schaffung teilautonomer Fraktale

EUROPIPE

Folien Dr. Gärtner, Stuttgarter Innovationsforum

Entwicklung und Realisierung eines zukunftsweisenden Unternehmenskonzepts nach den Gesichtspunkten der Fraktalen Fabrik

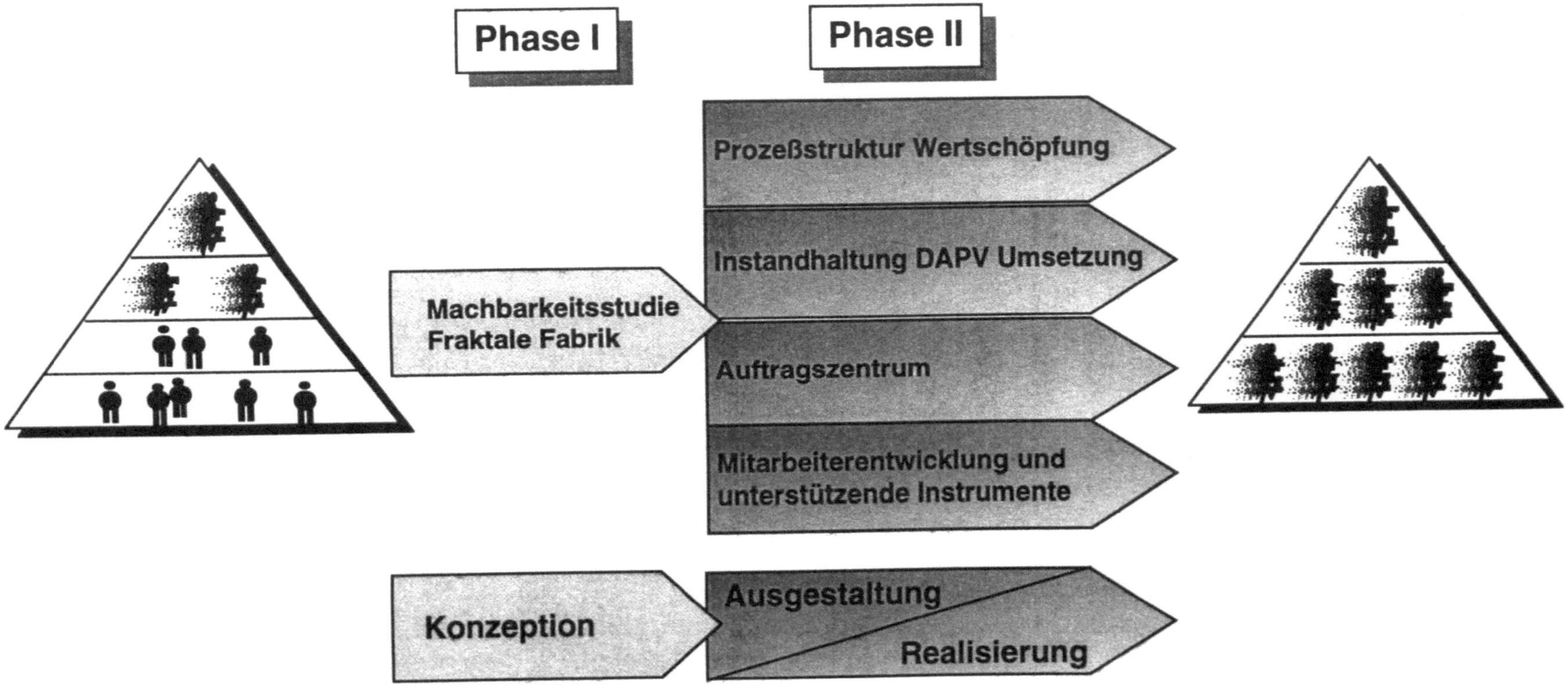

Phase I

Phase II

Machbarkeitsstudie Fraktale Fabrik

Prozeßstruktur Wertschöpfung

Instandhaltung DAPV Umsetzung

Auftragszentrum

Mitarbeiterentwicklung und unterstützende Instrumente

Konzeption

Ausgestaltung

Realisierung

Das Projekt

Folien Dr. Gärtner, Stuttgarter Innovationsforum

EUROPIPE

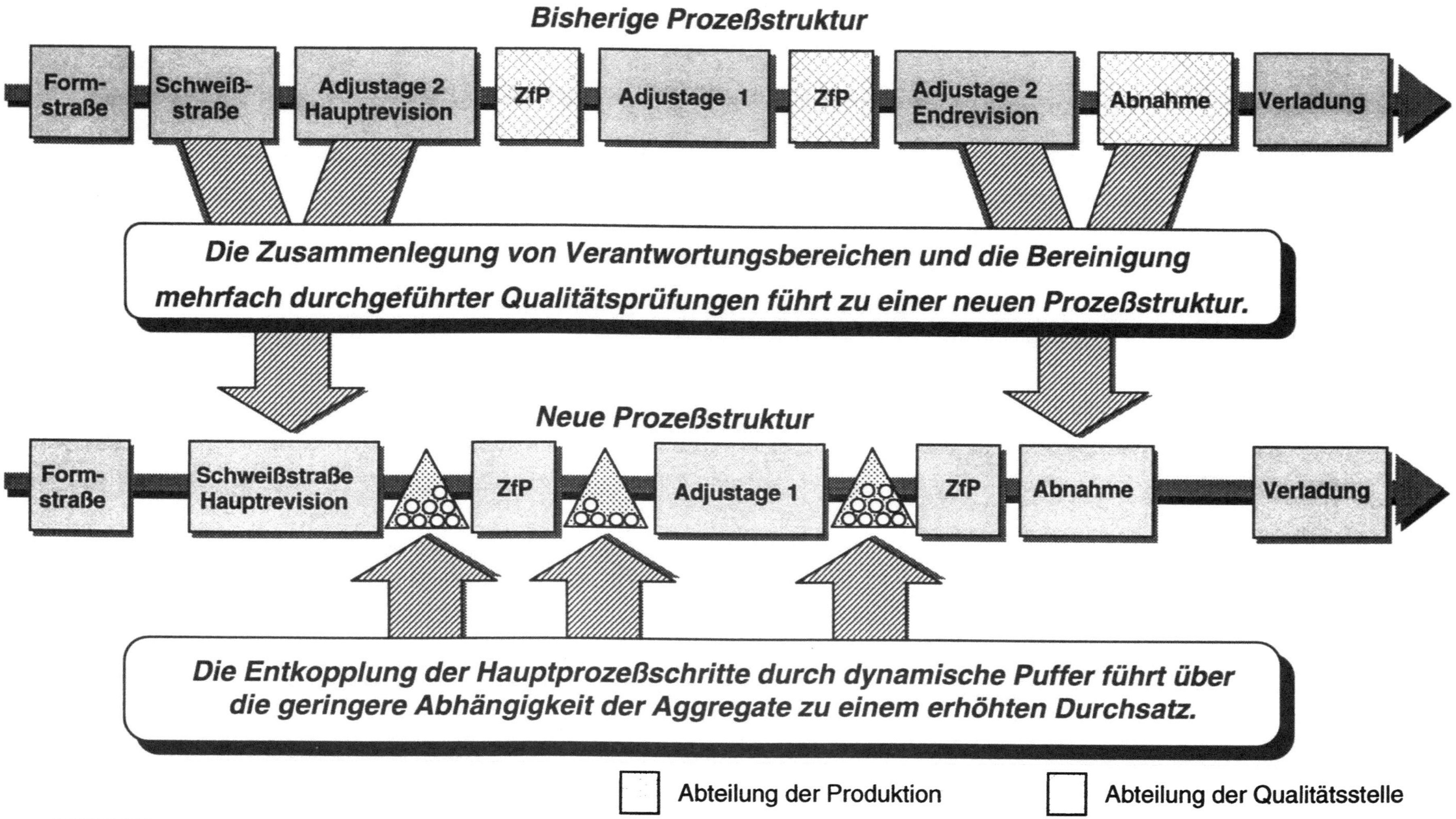

Wertschöpfungsstruktur

Bisherige Prozeßstruktur

Form-straße → Schweiß-straße → Adjustage 2 Hauptrevision → ZfP → Adjustage 1 → ZfP → Adjustage 2 Endrevision → Abnahme → Verladung

Die Zusammenlegung von Verantwortungsbereichen und die Bereinigung mehrfach durchgeführter Qualitätsprüfungen führt zu einer neuen Prozeßstruktur.

Neue Prozeßstruktur

Form-straße → Schweißstraße Hauptrevision → ZfP → Adjustage 1 → ZfP → Abnahme → Verladung

Die Entkopplung der Hauptprozeßschritte durch dynamische Puffer führt über die geringere Abhängigkeit der Aggregate zu einem erhöhten Durchsatz.

Legende: Abteilung der Produktion | Abteilung der Qualitätsstelle

Folien Dr. Gärtner, Stuttgarter Innovationsforum

EUROPIPE

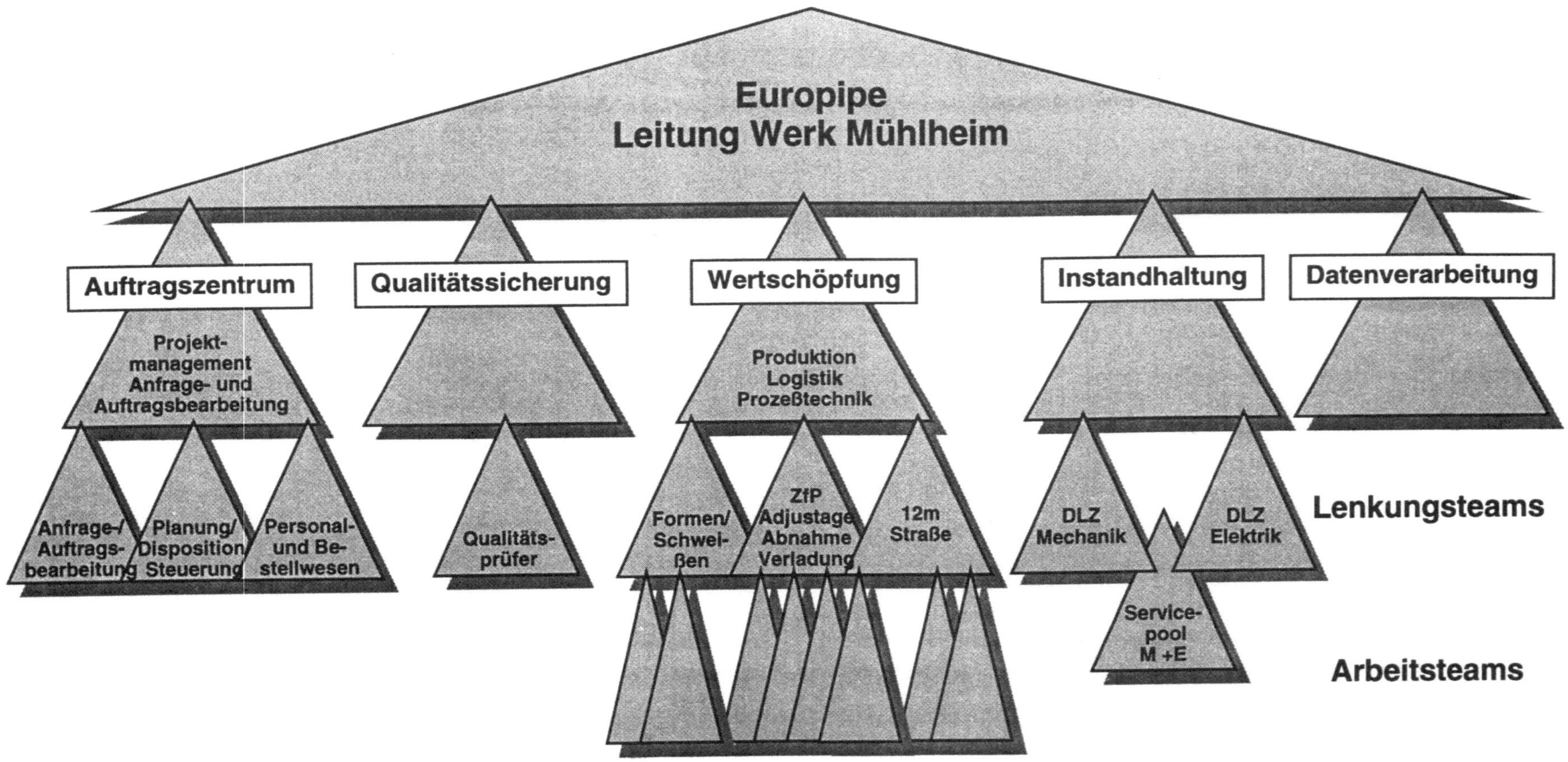

Struktur Europipe Mühlheim

EUROPIPE

Folien Dr. Gärtner, Stuttgarter Innovationsforum

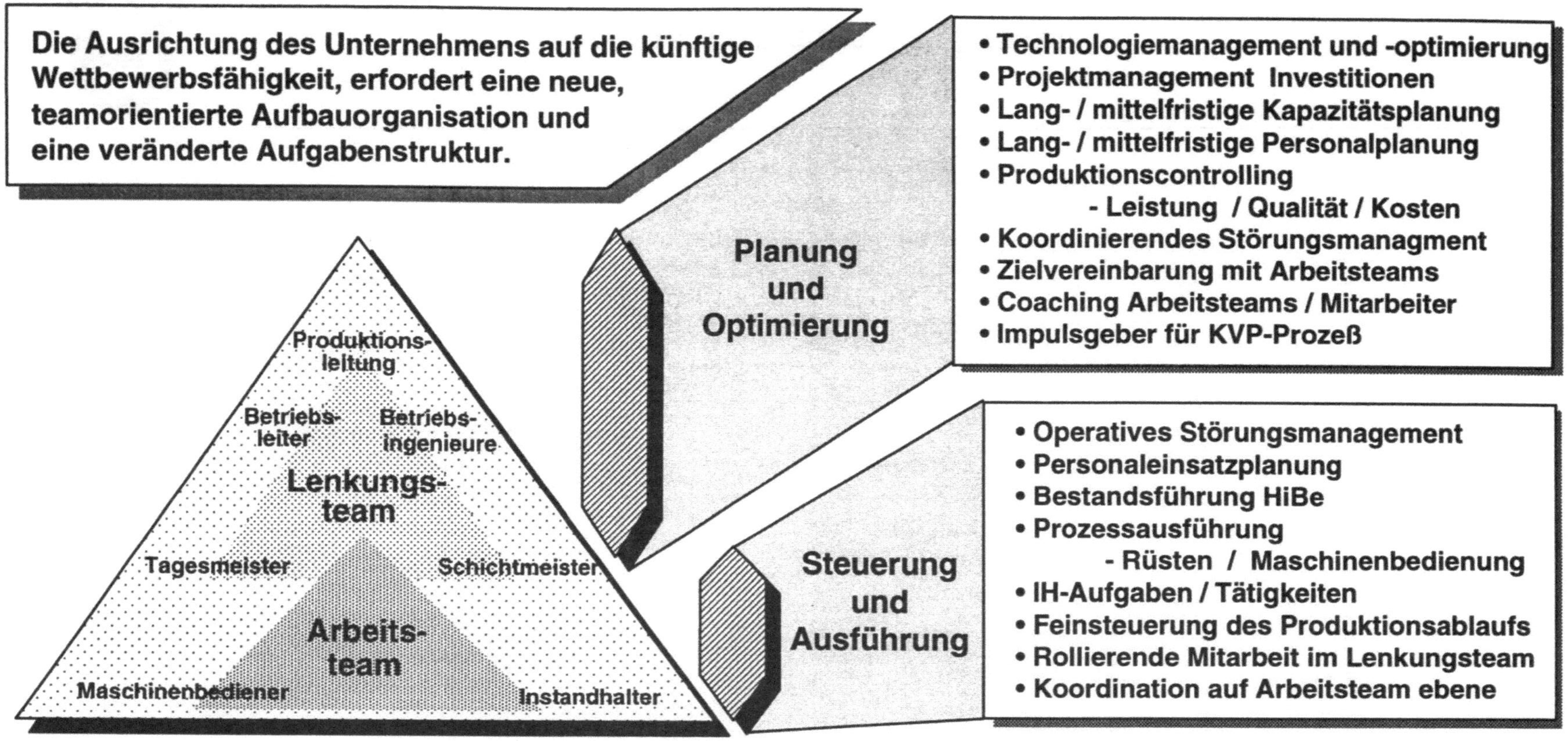

Aufbau und Aufgaben des Wertschöpfungsfraktals

Die Ausrichtung des Unternehmens auf die künftige Wettbewerbsfähigkeit, erfordert eine neue, teamorientierte Aufbauorganisation und eine veränderte Aufgabenstruktur.

Planung und Optimierung

- Technologiemanagement und -optimierung
- Projektmanagement Investitionen
- Lang- / mittelfristige Kapazitätsplanung
- Lang- / mittelfristige Personalplanung
- Produktionscontrolling
  - Leistung / Qualität / Kosten
- Koordinierendes Störungsmanagment
- Zielvereinbarung mit Arbeitsteam
- Coaching Arbeitsteams / Mitarbeiter
- Impulsgeber für KVP-Prozeß

Steuerung und Ausführung

- Operatives Störungsmanagement
- Personaleinsatzplanung
- Bestandsführung HiBe
- Prozessausführung
  - Rüsten / Maschinenbedienung
- IH-Aufgaben / Tätigkeiten
- Feinsteuerung des Produktionsablaufs
- Rollierende Mitarbeit im Lenkungsteam
- Koordination auf Arbeitsteam ebene

Lenkungsteam: Produktionsleitung, Betriebsleiter, Betriebsingenieure, Tagesmeister, Schichtmeister

Arbeitsteam: Maschinenbediener, Instandhalter

EUROPIPE

Folien Dr. Gärtner, Stuttgarter Innovationsforum

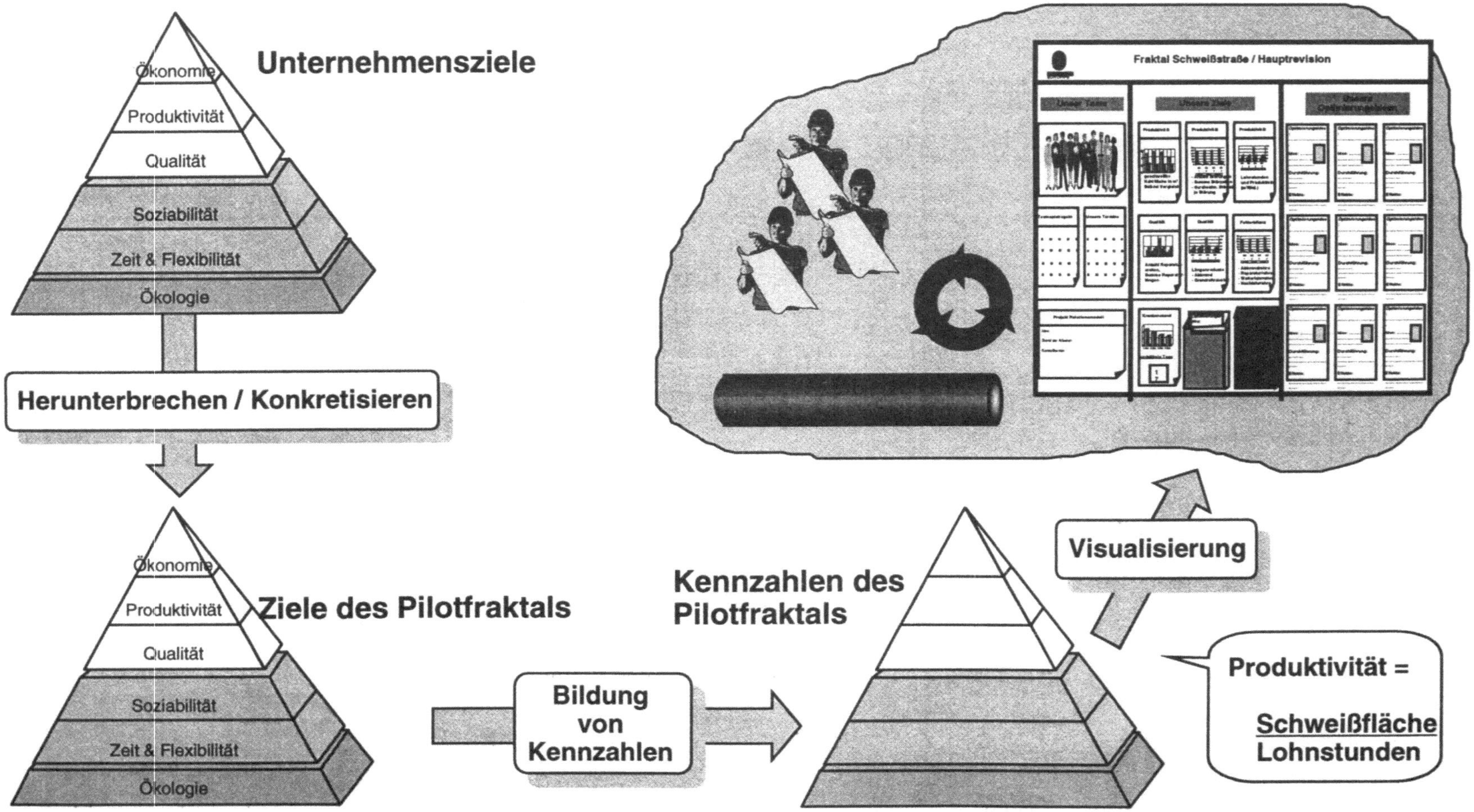

Zielorientierung im Pilotfraktal

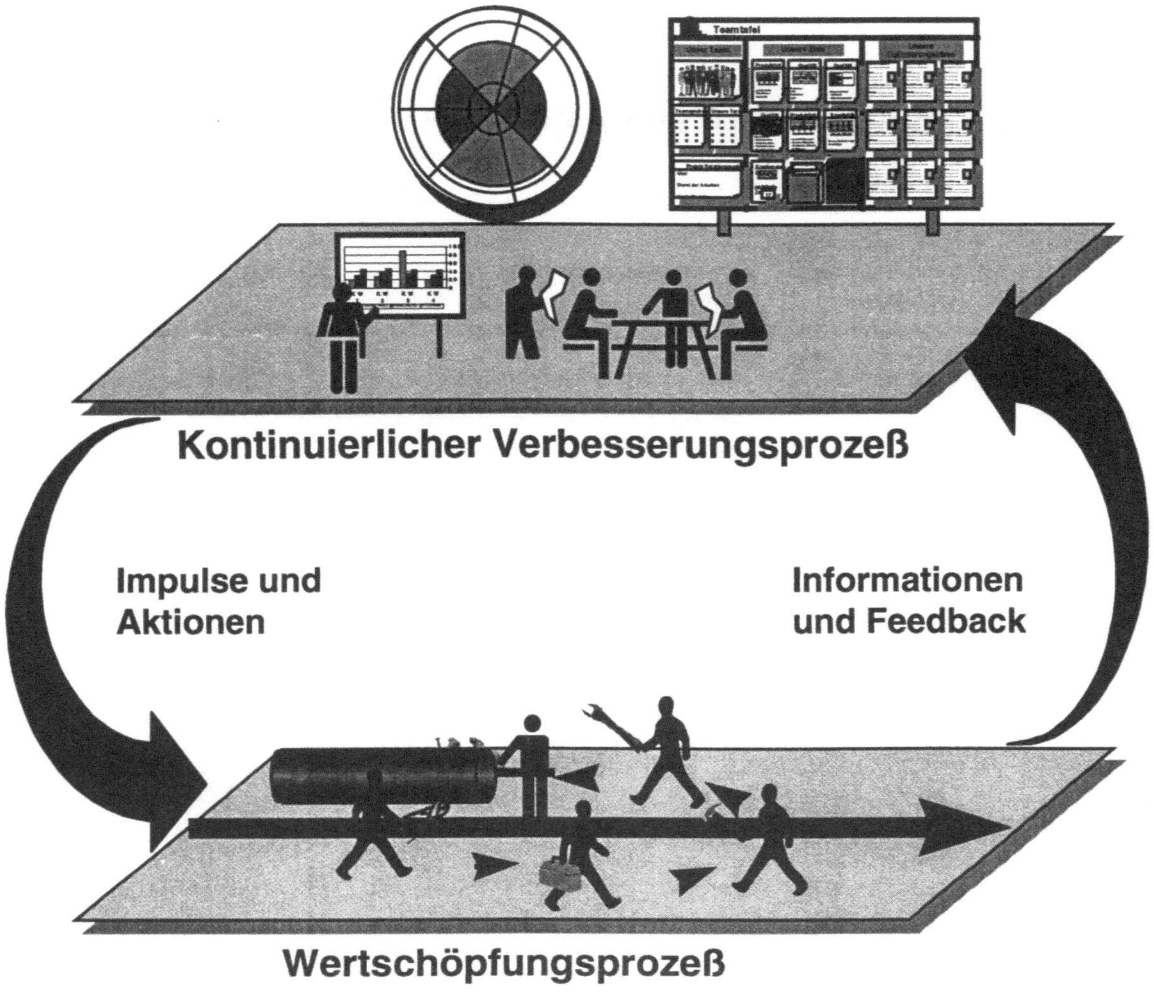

Verankerung des KVP

Die Teammitglieder richten ihr Handeln an den vorgegebenen Zielen aus

- Mitarbeiter erhalten Rückkopplungen zu ihrem Prozeßergebnis
- Prozeßergebnis und -ziel werden visualisiert
- Mitarbeiter verbessern und optimieren den Prozeß auf die Ziele hin

Kontinuierlicher Verbesserungsprozeß

Informationen und Feedback

Impulse und Aktionen

Wertschöpfungsprozeß

Folien Dr. Gärtner, Stuttgarter Innovationsforum

EUROPIPE

- Probleme verlieren im Team an Unüberwindlichkeit
- Ideen gewinnen im Team an Qualität und Tauglichkeit
- Bewußte und gezielte Aktivierung der Problemlösungsfähigkeit der MA
- Starke Einbindung der LT´s in den KVP-Prozess
- Enge Zusammenarbeit mit IH zur beschleunigten Umsetzung
- "Selbermachen" ist besser als "auf andere warten"
- Die Umsetzung steht im Vordergrund
- Die Prämierung wird zum nachgelagerten Automatismus

Folien Dr. Gärtner, Stuttgarter Innovationsforum

EUROPIPE

Prinzipien des Ideenmanagements

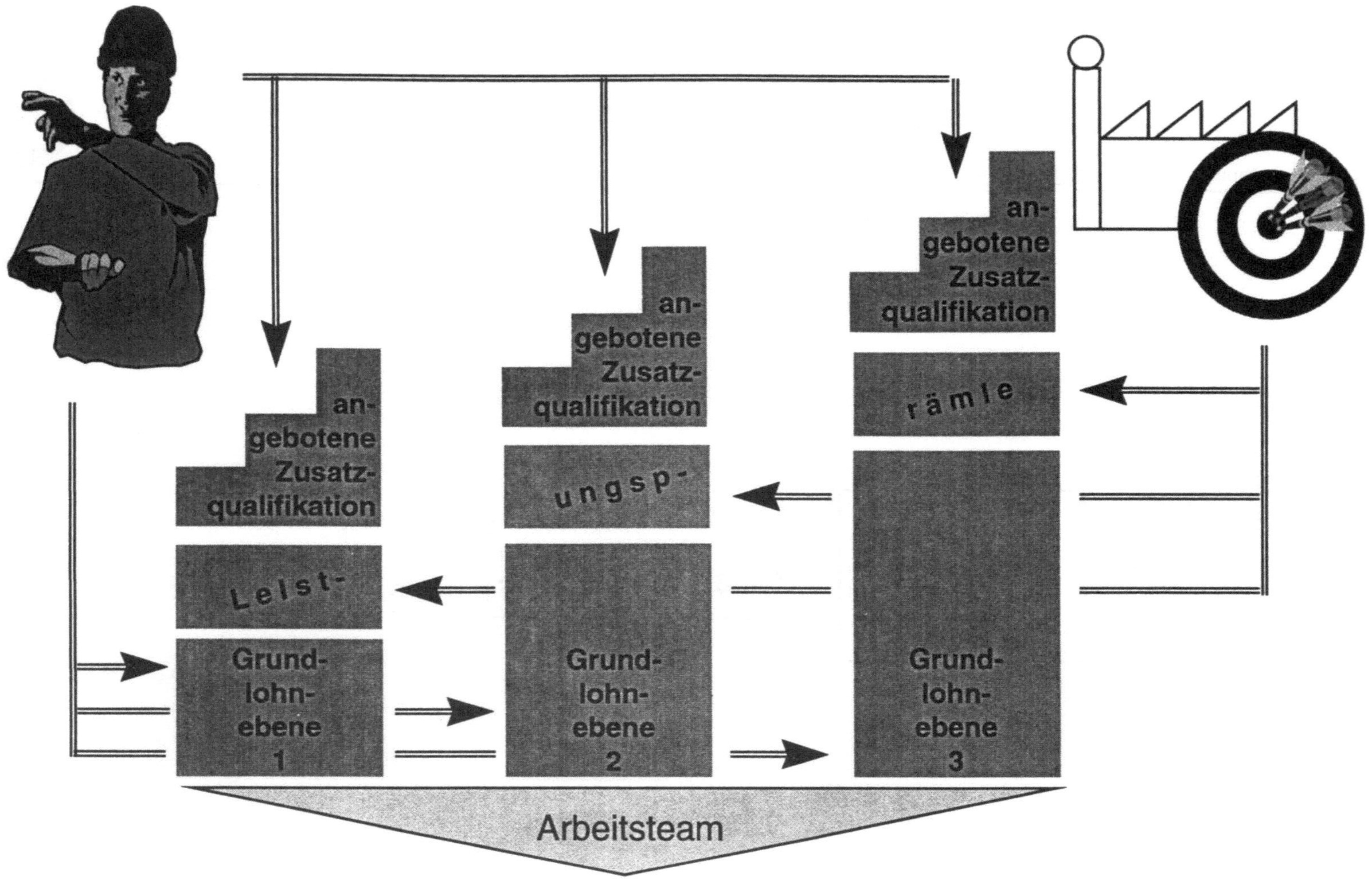

Entlohnungsmodell Europipe

Prinzip:

Über die Leistungserstellung auf Werksebene und auf Teamebene werden Punkte gesammelt, die für die Auszahlung in Lohnzulagen umgewandelt werden

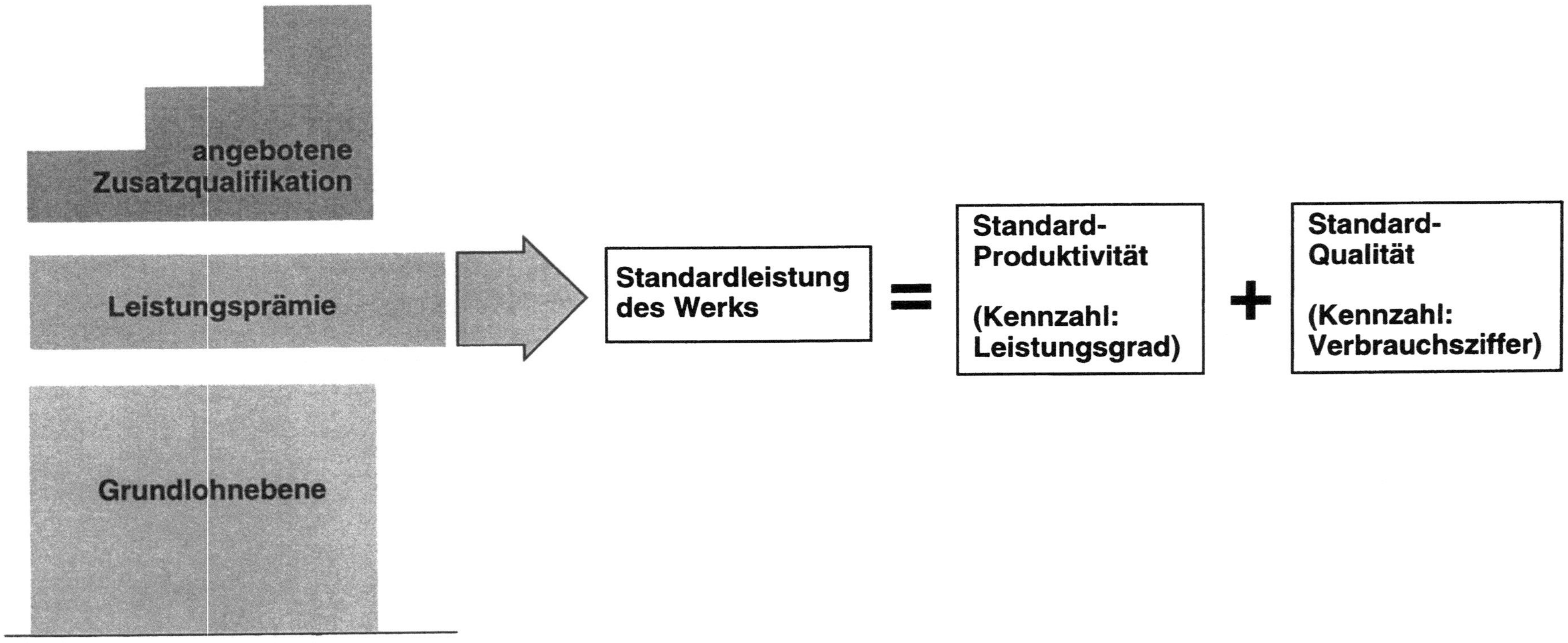

Standardleistung des Werks = **Standard-Produktivität** (Kennzahl: Leistungsgrad) + **Standard-Qualität** (Kennzahl: Verbrauchsziffer)

- angebotene Zusatzqualifikation
- Leistungsprämie
- Grundlohnebene

Die Leistungslohnkomponente

Folien Dr. Gärtner, Stuttgarter Innovationsforum

EUROPIPE

Konzeptelemente Dezentrale Anlagen- und ProzessVerantwortung

- Produktionsteams (Prod.-Mitarbeiter und Betriebsinstandhalter) sind zukünftig für "ihre" Anlagen verantwortlich, Anlagen- und Prozeßverantwortung vor Ort.

- Produktionsmitarbeiter helfen stärker bei Wartungen, Inspektionen und Instandsetzungen mit.

- Trainer der Produktionsmitarbeiter bzgl. der neuen Instandhaltungsaufgaben sind die Betriebsinstandhalter (Training on the job).

- Jeder Teammitarbeiter muß sich aktiv für eine Verbesserung der Anlagen und deren Nutzungsgrade einsetzen (KVP).

- Bei größeren oder mehreren Störungen können die Teams das IH-Dienstleistungs-zentrum (Know-how, spez. Werkzeuge, Personal) zur Unterstützung anfordern.

Folien Dr. Gärtner, Stuttgarter Innovationsforum

DAPV-Konzept

EUROPIPE

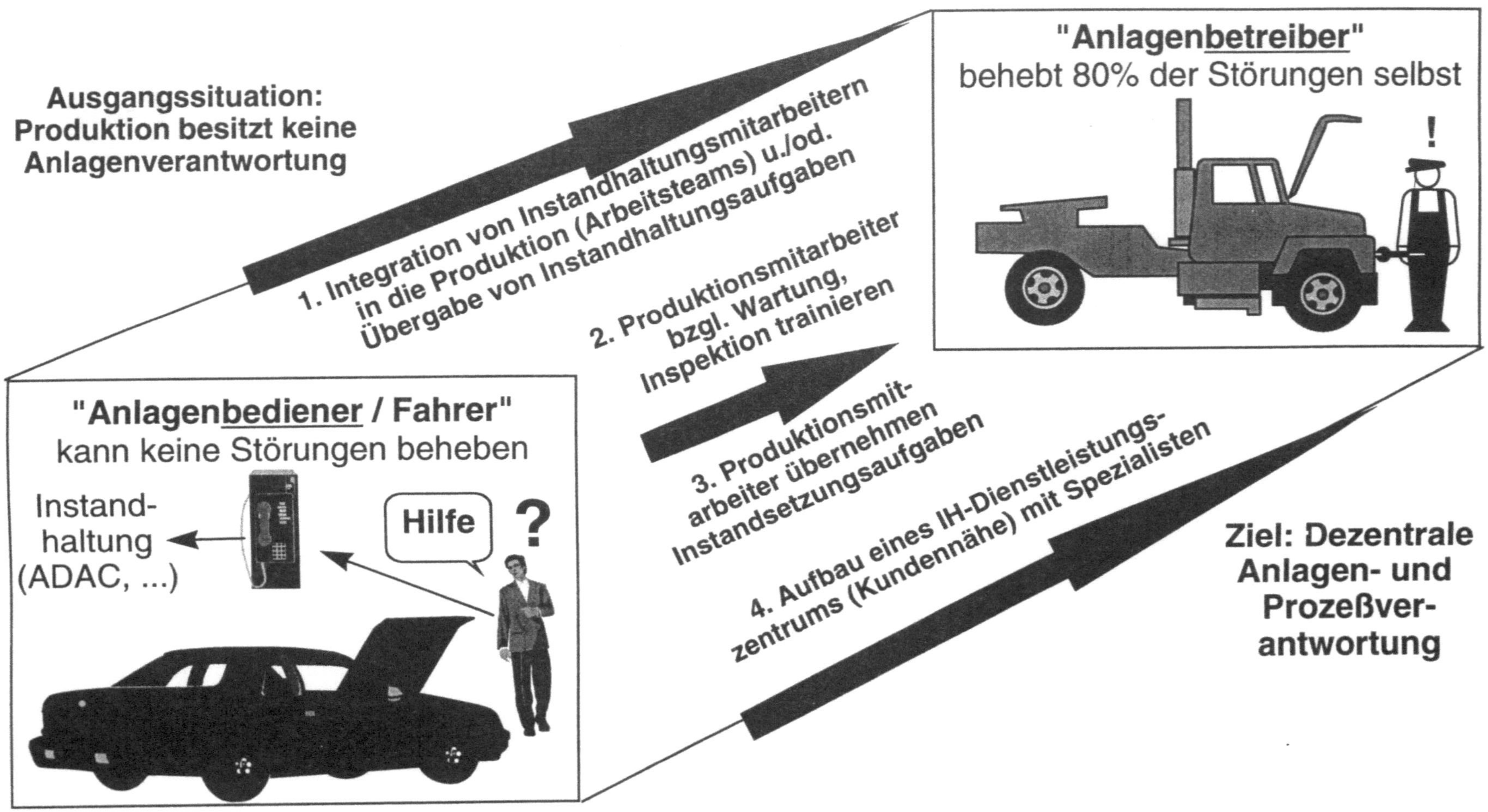

Der künftige Produktionsmitarbeiter: Vom Bediener zum Betreiber

"Anlagenbetreiber" behebt 80% der Störungen selbst

Ziel: Dezentrale Anlagen- und Prozeßverantwortung

Ausgangssituation: Produktion besitzt keine Anlagenverantwortung

1. Integration von Instandhaltungsmitarbeitern (Arbeitsteams) u./od. Übergabe von Instandhaltungsaufgaben in die Produktion
2. Produktionsmitarbeiter bzgl. Wartung, Inspektion trainieren
3. Produktionsmitarbeiter übernehmen arbeitsvorbereitende Instandsetzungsaufgaben mit Spezialisten
4. Aufbau eines IH-Dienstleistungszentrums (Kundennähe)

"Anlagenbediener / Fahrer" kann keine Störungen beheben

Hilfe ?

Instandhaltung (ADAC, ...)

EUROPIPE

Folien Dr. Gärtner, Stuttgarter Innovationsforum

⇧ **Behebung aller techn. Störungen, soweit kein Detailwissen oder spez. Werkzeuge aus dem IH-Dienstleistungszentrum benötigt wird**

⇧ **Durchführen und Verfolgen von Wartungs- und Inspektionsmaßnahmen**

⇧ **Abstimmung und Koordination mit dem IH-Dienstleistungszentrum bzgl.**
- Nachtschicht, Wochenende
- Großreparaturen
- Anlagenverbesserung

⇧ **Unterstützung der Teamkollegen Produktion (Rüstarbeiten, etc.)**

⇧ **Mitarbeit bei Anlagen- und Prozeßoptimierung (KVP) sowie Investitionen**

⇧ **Betreuung von Fremdleistungen mit geringem Umfang vor Ort**

⇧ **Vorbereiten von Nachtschicht- und Wochenend-Arbeiten, Mitarbeit nach Abstimmung mit Arbeitsteam-Leiter**

⇧ **Schichtübergabe an IH-Dienstleistungszentrum**

⇧ **Dokumentation**
- Anlagenveränderungen
- Störungen

⇧ **Zielgrößenverfolgung (Anzahl Störungen, Summe Störzeit, etc.)**

EUROPIPE

Aufgaben des Betriebsinstandhalters der Produktion

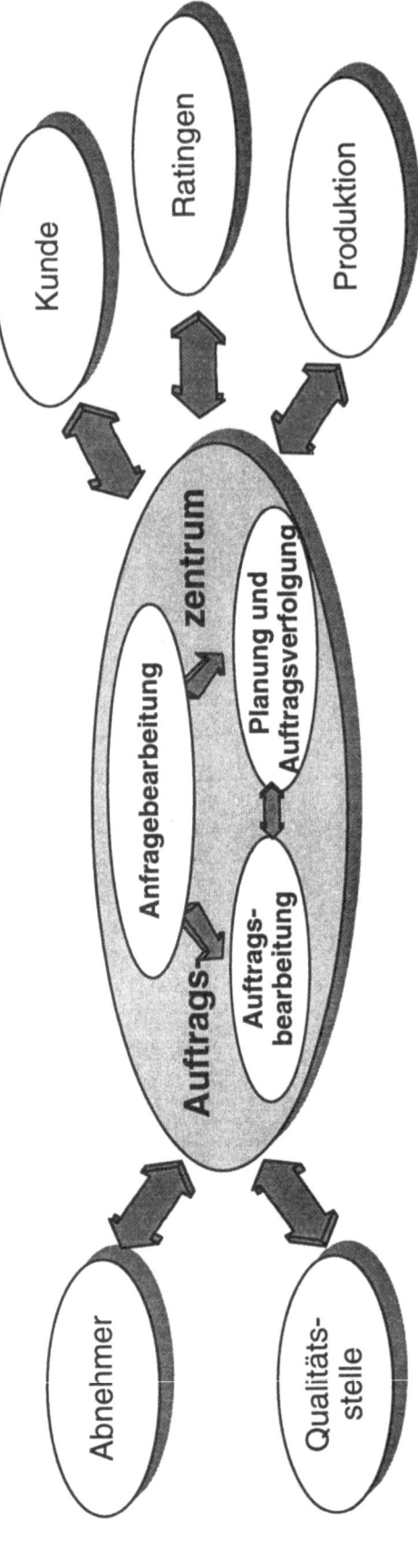

Die übergeordneten Ziele des Auftragszentrums sind die stärkere Kundenorientierung und die Steigerung der Bearbeitungseffektivität und -qualität

- Klare Schnittstellen zum Kunden
- Minimierung von Bereichsübergängen
  - Minimierung des Aufwandes
  - Verkürzung der Durchlaufzeit
  - Verbesserung der Kommunikation
  - Identischer Kenntnisstand in allen Bereichen
- Eindeutige Projektverantwortung
- Teamarbeit
  - Geringere Konzentration auf eine Person
  - Breitere Entscheidungskompetenz

Ziele Auftragszentrum

EUROPIPE

Folien Dr. Gärtner, Stuttgarter Innovationsforum

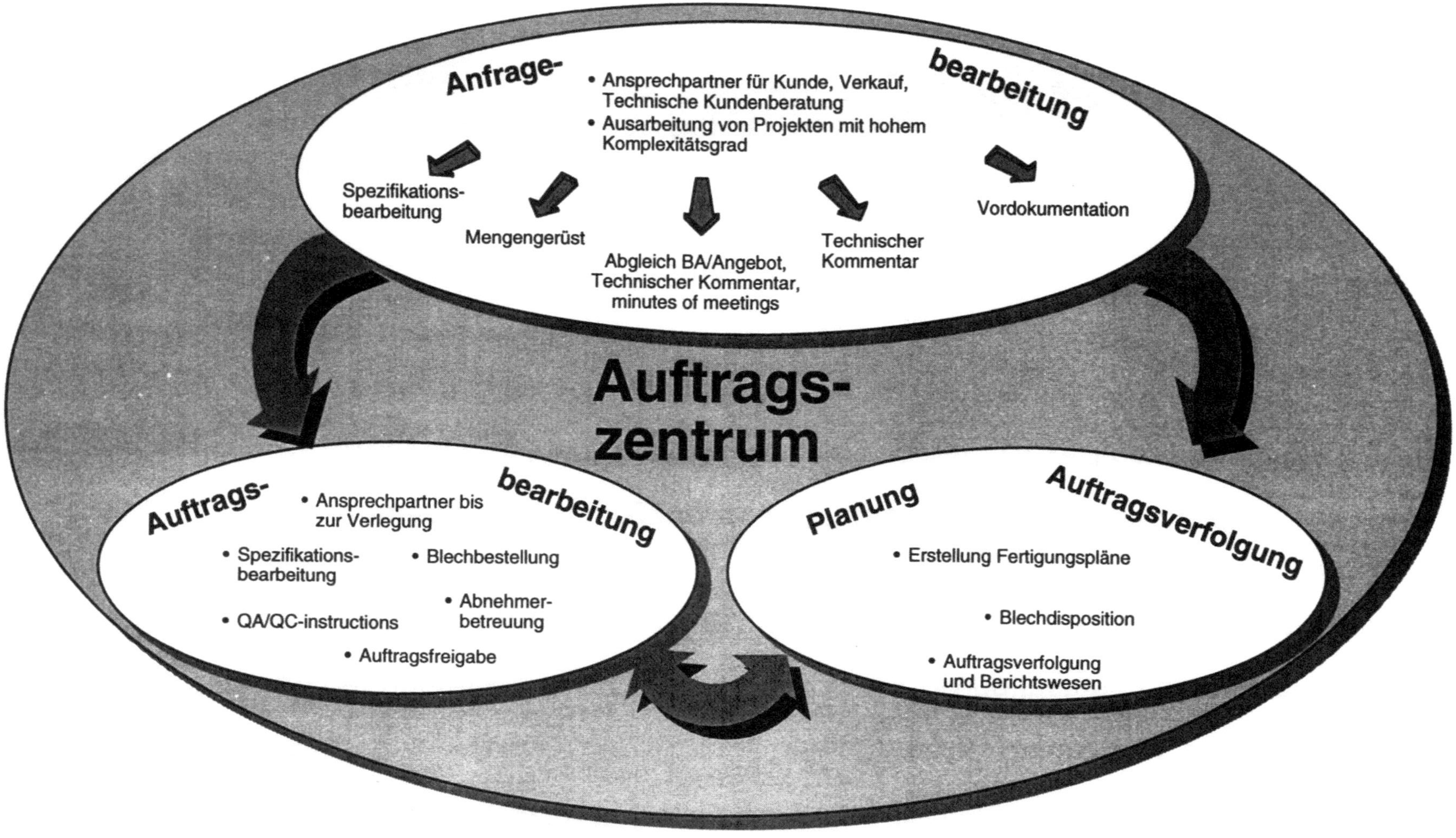

Auftragszentrum

Anfrage-bearbeitung
- Ansprechpartner für Kunde, Verkauf, Technische Kundenberatung
- Ausarbeitung von Projekten mit hohem Komplexitätsgrad

Spezifikationsbearbeitung → Mengengerüst → Abgleich BA/Angebot, Technischer Kommentar, minutes of meetings → Technischer Kommentar → Vordokumentation

Auftragszentrum

Planung
- Erstellung Fertigungspläne
- Blechdisposition

Auftragsverfolgung
- Auftragsverfolgung und Berichtswesen

Auftrags-bearbeitung
- Ansprechpartner bis zur Verlegung
- Spezifikationsbearbeitung
- QA/QC-instructions
- Blechbestellung
- Abnehmerbetreuung
- Auftragsfreigabe

EUROPIPE

Folien Dr. Gärtner, Stuttgarter Innovationsforum

⇨ **Fehlende innere Überzeugung** der Beteiligten

⇨ **Angst vor Veränderungen/Neuerungen**, statische Randbedingungen

⇨ Angst vor "**Machtverlust**", insbesondere bei mittleren Führungskräften

⇨ Ängste beim Übergang von "Einzelkämpfertätigkeiten", zu **künftiger Teamarbeit**

⇨ **Motivation** der operativen Mitarbeiter im Produktions- und Instandhaltungsbereich

⇨ **Einschränkung von Freiräumen** durch stärkere Kontrollen in den Fertigungsteams

⇨ **Annehmen und Weitergeben von Wissen (IH und Produktion)**

⇨ **Angst** der Instandhalter ihr "**Spezialwissen**" **zu verlieren**

⇨**Statusdenken**, bei Wechsel in ´minderwertigen´ Bereich

Widerstände bei der Realisierung

EUROPIPE

Optimierung der Auftragsabwicklung durch Auftragsteams

Fritz Unden

Geschäftsprozeßoptimierung

Teamstrukturen in der Auftragsabwicklung

Umsetzungsbeispiel

- Ausgangssituation
- Verständnis
- Struktur
- Nutzen

Produktionsprogramm

Programm

Hauptprodukt

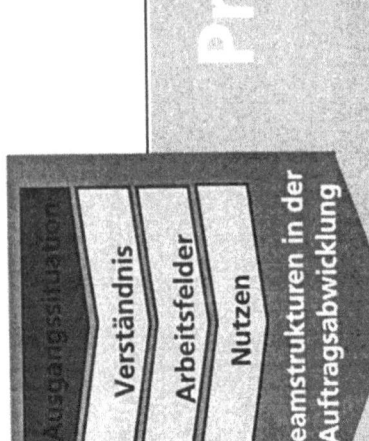

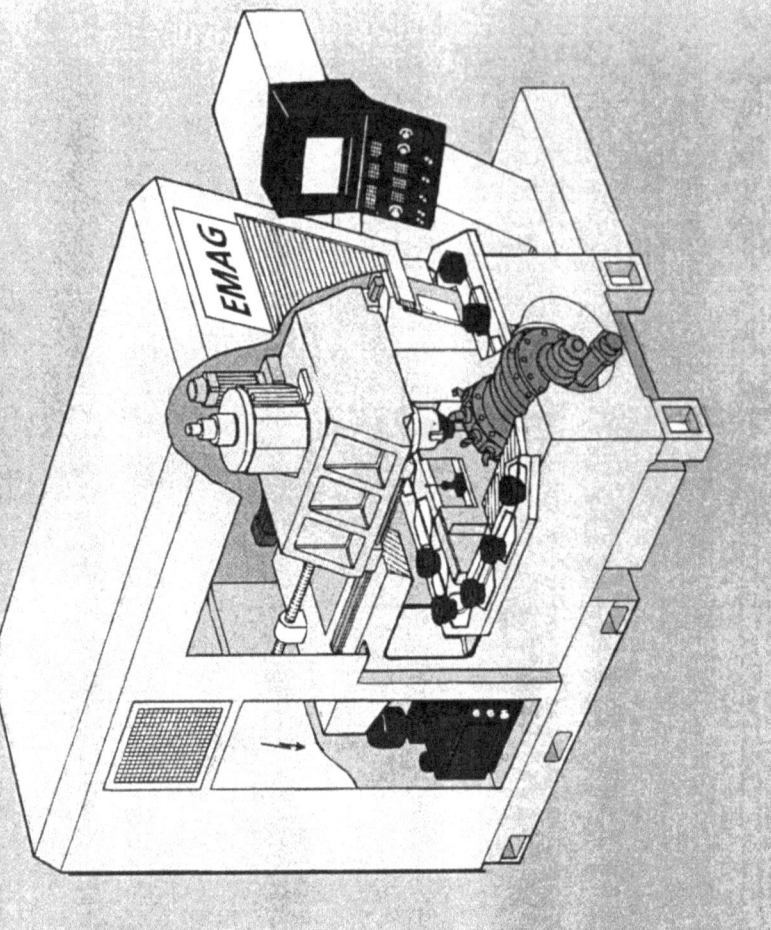

Produktionsprogramm der Emag GmbH:
- Vertikaldrehmaschinen
- längsbediente Schrägbett-Drehmaschinen
- frontbediente Drehmaschinen
- Endenbearbeitungmaschinen

Produktbeschreibung Vertikaldrehmaschine:
- Vertikale Hauptspindel
- Integration von Drehen, Automatisieren und Messen in die Maschine
- modularer Aufbau
- geringer Platzbedarf
- selbstreinigende Bauart

F. Unden

Daten und Fakten

Umsatz (Mio. DM)	145
Auftragseingang (Mio. DM)	176
Auftragsbestand (Mio. DM) 31.12.1995	113
Investitionen (Mio. DM)	9,1
Mitarbeiter	313
Umsatz (Mio. DM) konsolidiert	176
Auftragseingang (Mio. DM) konsolidiert	198
Auftragsbestand (Mio. DM) 31.12.1995 konsolidiert	126
Investitionen (Mio. DM)	20,4

Ausgangssituation
Verständnis
Arbeitsfelder
Nutzen
Teamstrukturen in der Auftragsabwicklung

Ausgangssituation

Schwach-stellen

Defizite

- in Markt- und Kundenorientierung
- im Auftragsdurchlauf
- bei der Nutzung von Mitarbeiter-potentialen

Folgen

- Unzufriedene Kunden
- Langer Auftragsdurchlauf
- Unzufriedene Mitarbeiter

Verständnis
Arbeitsfelder
Nutzen

Teamstrukturen in der Auftragsabwicklung

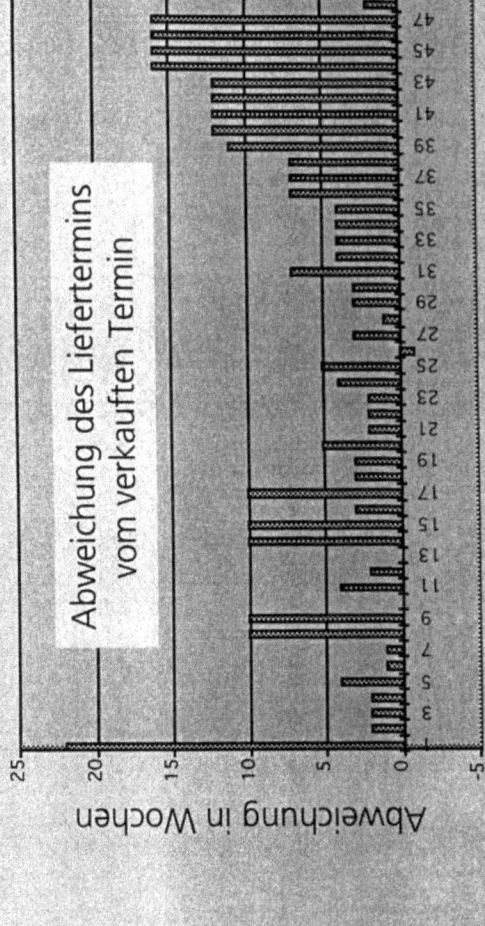

Abweichung des Liefertermins vom verkauften Termin

Defizite in der Markt- und Kundenorientierung

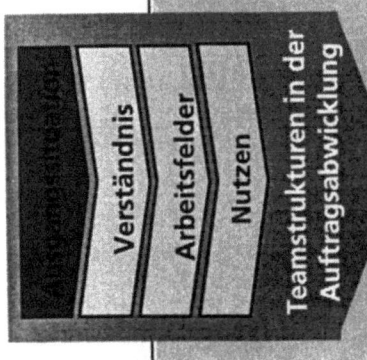

SCHWACH-STELLEN

- Vielzahl von konstruktiven Änderungen
- Übergabegespräch als Chefsache
- Fehlende Bindung zwischen Vertrieb als Kundenrepräsentant und anderen Bereichen
- Kundenspezifische Produktanpassungen

FOLGEN

- Hoher konstruktiver und planerischer Aufwand bei der Auftragsbearbeitung
- Ungenügende Informationsweitergabe der Führungskräfte an die Mitarbeiter
- Geringe Identifikation der Mitarbeiter mit dem Auftrag
- Mangelnde Kenntnisse der Verkäufer von Betriebsabläufen
- Unklarheit über Kundenwünsche und Kundenforderungen seitens der Konstrukteure

Übergabegespräch

Defizite im Auftragsdurchlauf

SCHWACH-STELLEN

- Serielle Abarbeitung von Aufträgen
- Keine gemeinsamen Problemlösungen
- Schlechte terminliche Abstimmung
- Ausgeprägtes Abteilungs- und Bereichsdenken

FOLGEN

- Ständige Terminverschiebungen
- Lange Auftragsdurchlaufzeit
- Fehlende Detaillierung von Problemlösungen
- Unkenntnis über die Abläufe in anderen Bereichen
- Informationsverluste

Teamstrukturen in der Auftragsabwicklung

Auftrag → Vertrieb/Vordispo/Angebote, Mechan. Konstruktion, Konstr. Kundenanpassung, Hardwarekonstruktion, Hydraulik-/Softwarekonstr., Montagegruppen — Auftragsleitstelle

Defizite in der Nutzung von Mitarbeiterpotentialen

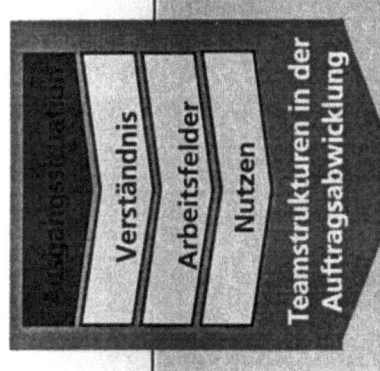

Teamstrukturen in der Auftragsabwicklung

SCHWACH-STELLEN

- Entscheidungsfindung erlernbar machen
- Geringe Flexibilität und Eigenverantwortung
- Mangelnde Förderung der Kommunikation
- Fehlende Rahmenbedingungen

FOLGEN

- Starke Einbindung der Führungsebene ins operative Tagesgeschäft
- Problemlösungen über Führungsebene
- Verzögerungen im Auftragsdurchlauf und in der Entscheidungsfindung durch "Engpaß" Chef
- Mangelnde Motivation der Mitarbeiter durch:
  - "Zuteilung" von Aufträgen
  - Information aus "zweiter Hand"

"Engpaß" Chef

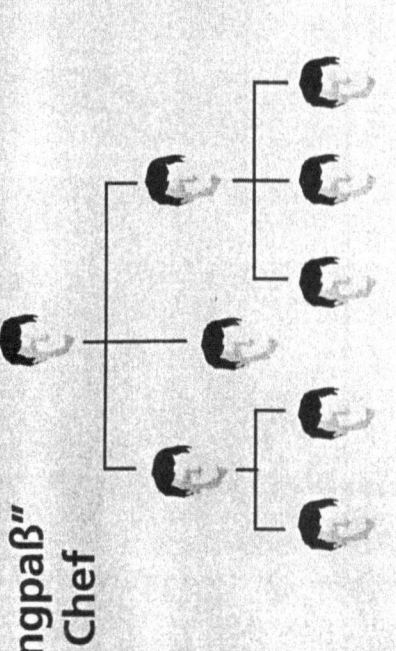

Fraktales Unternehmen

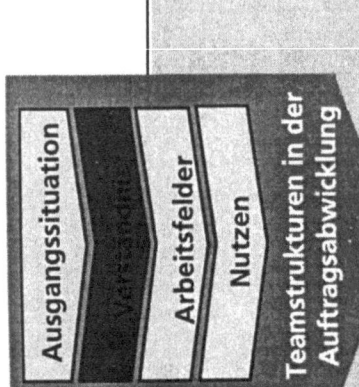

Vision

Fabrik in der Fabrik

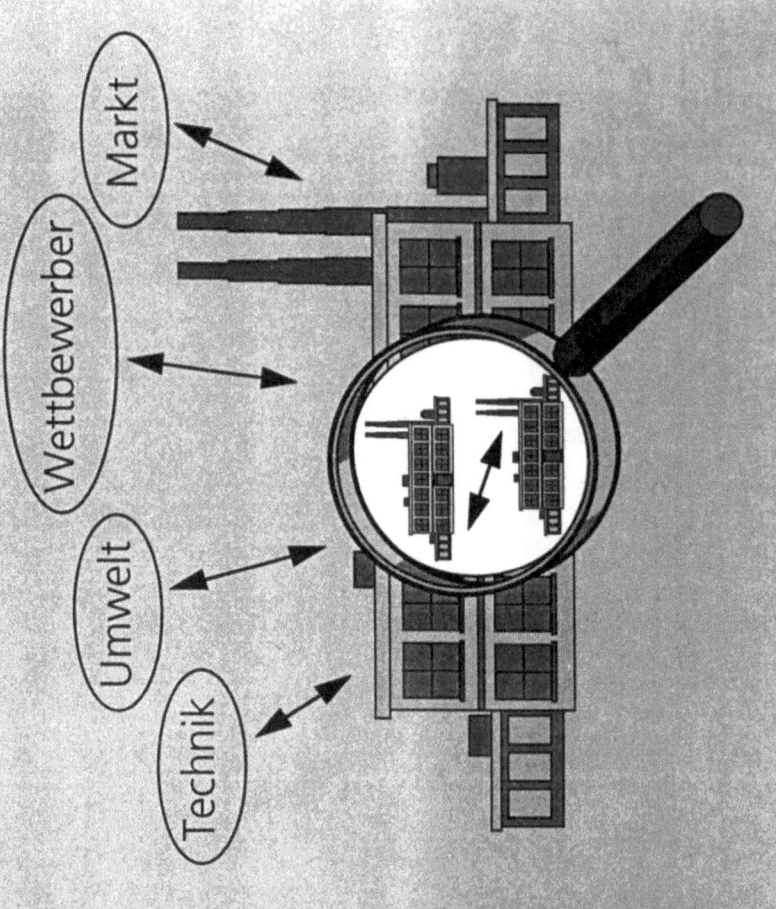

Das Fraktale Unternehmen ist

- ein offenes System
- aus selbständig agierenden
- in ihrer Zielausrichtung selbstähnlichen Einheiten (Fraktalen).

• **Konzept des Fraktalen Unternehmens**

- Unternehmerisches Denken
- Kunden-Lieferanten-Denken
- Ganzheitliche Verantwortung
- Anpassungsfähigkeit und Flexibilität

Teamarbeit in der Auftragsabwicklung

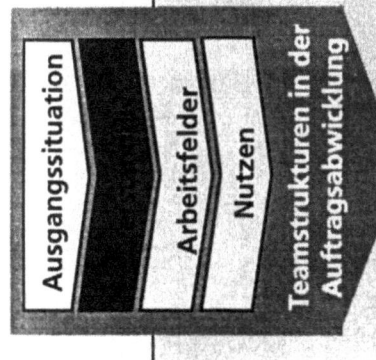

Ziele

Kundenanforderungen schnell umzusetzen

- kundenorientierte, dynamische Organisationsform
- Funktionsintegration
- schnelle, zuverlässige Informationsflüsse

Hohes Maß an Anpassungsfähigkeit und Wirtschaftlichkeit durch

Einführung von Teamarbeit

• Arbeiten in Auftragsteams bedeutet

- Zusammenfassung unterschiedlicher Funktionen in einem Team
- Selbststeuerung und Eigenverantwortung
- Entscheidungen werden in den Auftragsteams getroffen
- Beeinflußbarkeit der Aufgaben und Ergebnisse

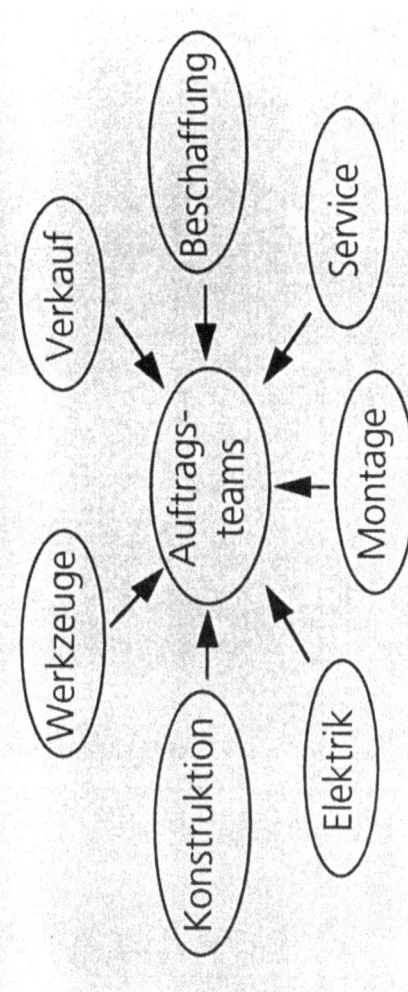

F. Unden 12.09.1996

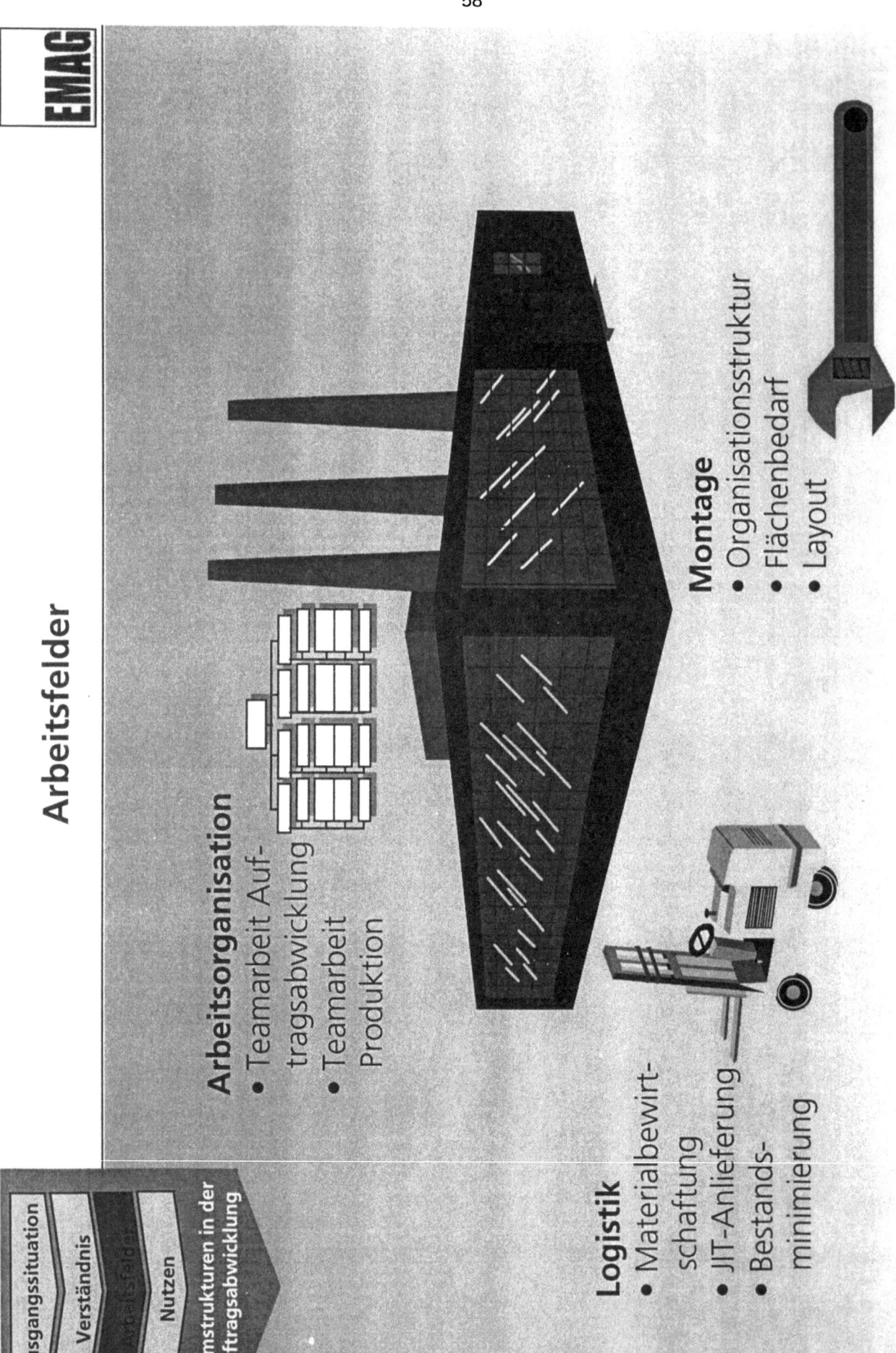

Ziele Auftragsteams

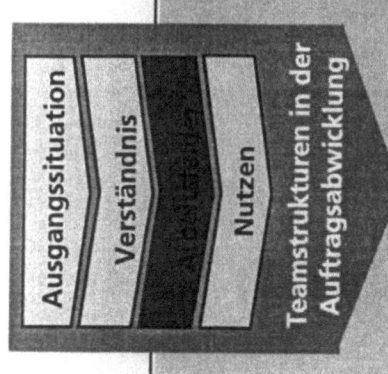

- Ausgangssituation
- Verständnis
- Nutzen

Teamstrukturen in der Auftragsabwicklung

Ziele

- Einhaltung der Konstruktionsendtermine
- Reduzierung der konstruktiven Nachtragsänderungen
- Rechtzeitiger Beginn der Beschaffungstätigkeiten
- Einfache Abläufe und Schnittstellenminimierung

Konzept

Erfolgsfaktoren in der Auftragsabwicklung

- Prozeßorientierung
- Teamorientierung
- Mitarbeiterorientierung

Auftragsdurchlaufplan

| -12 | -8 | -7 | -6 | -5 | -4 | -3 | -2 | -1 | +1 | +2 |

- -8 / -7: Auftrag Wochenbestellungen an Lieferanten, Auftrag elektrisch komplett
- -12: Auftrag technisch komplett
- -5: Teilefertigung
- -4: Lieferanten liefern
- -3: Fließmontage Zerbst
- -2: Lieferanten liefern, Bereitstellung EMAG
- -1: Fließmontage EMAG
- +1: Endmontage
- +2: Verladetermin

F. Unden   12.09.1996

Entwicklung der Teamstrukturen

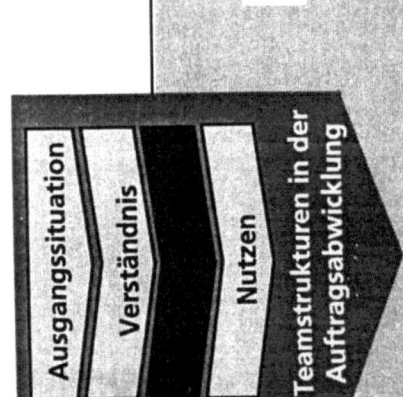

Konzept

Schaffung von dezentralen Verantwortungsbereichen durch Bildung von autonomen Auftragsabwicklungsteams

- Bereichsübergreifende am Auftragsdurchlauf orientierte Teambildung

- Eigenverantwortlichkeit der Teams bei Durchführung, Planung, Steuerung, Entscheidung und Kontrolle des Auftrags

- Kurze Informations- und Entscheidungswege

Beispiel

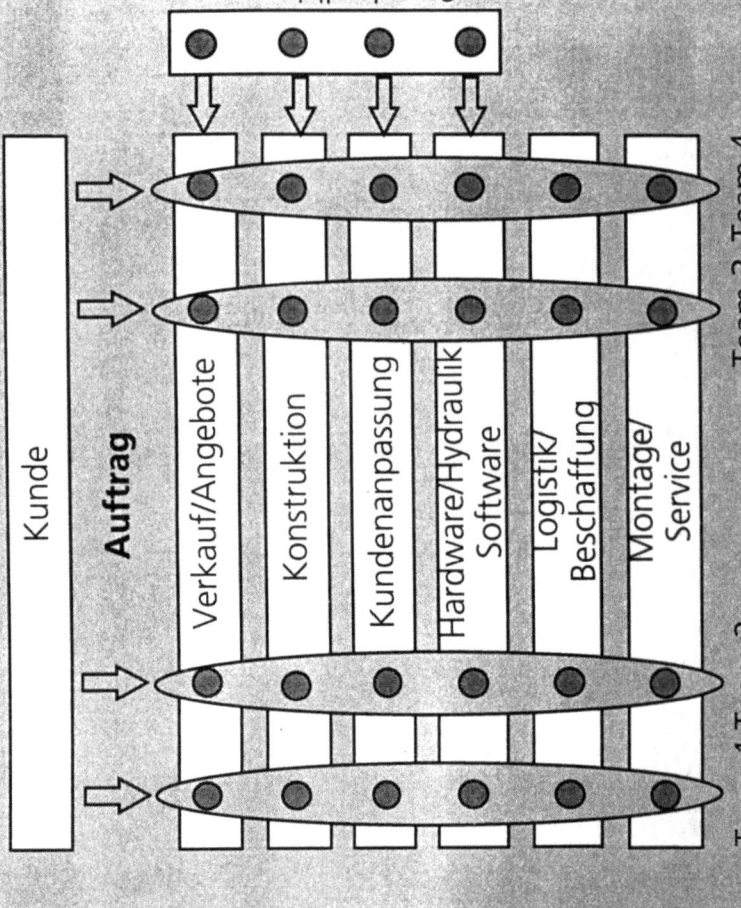

Umsetzung der Teamstrukturen (I)

Erfolgsfaktoren

- Einbeziehung aller Ebenen
- Alle Mitarbeiter aktivieren und gewinnen

  - **Funktioniert das?** Mit meinen Mitarbeitern klappt das nie! Wirkmechanismen, Fallbeispiele
  - **Verliere ich etwas?** Kompetenz, Verantwortung, Status! Besitzstand
  - **Wieso?** Es funktioniert doch gut! Handlungsbedarf
  - **Was bewirkt das?** So werden wir weder schneller noch billiger! Bewertung, Firmenbesuche

- Vertrauen schaffen
  - Vom Kleinen zum Großen
  - An die Aufgabe heran führen
  - Schrittweise Übergabe von Verantwortung

- Zeitlich unbegrenzte Betreuung der Teams

Vorgehensweise

Vorgehensweise bei der Umsetzung

Führung ⟲ Teams

- Vorstellung des Konzepts
- Schaffung von Rahmenbedingungen
- Definition Pilotteam
- Schulung des Pilotteams
- Start des Pilotteams
- Ausdehnung des Konzepts auf weitere Teams

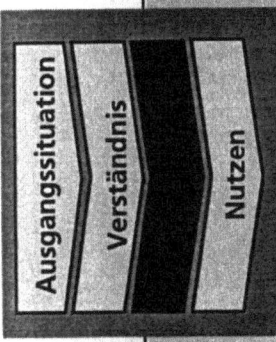

Ausgangssituation / Verständnis / **Nutzen** / Teamstrukturen in der Auftragsabwicklung

F. Unden 12.09.1996

Umsetzung der Teamstrukturen (II)

Hilfsmittel

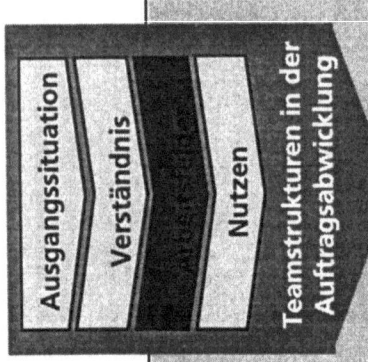

Teamstrukturen in der Auftragsabwicklung

- Termin- und Kapazitätsplan
- Planungshilfsmittel
  - Konstruktionszeiten
  - Wiederbeschaffungszeiten
  - Kapazitätsübersicht
  - Preise
  - Technische Ausführungen
- Regeln für das Übergabegespräch
- Protokolle für
  - Übergabe
  - Vertragsprüfung
- CAD-Zeichnungen
- Allgemeine Schulungsunterlagen

Beispiel

Termin-/Kapazitätsplan

- * Übergabegespräch
- \+ Endtermin Konstruktion
- △ Vorabbestellung Langläufer
- □ Technische Vorabklärung

Gruppe: Mustermann **Monat:** Juli 1995

Bereich: T **Mitarbeiter: Müller**

Kalenderwoche:			27 Mo Di Mi Do Fr	28 Mo Di Mi Do Fr	29 Mo Di Mi Do Fr
6123.95763	36	38			
6123.95768	37	39		+	+
6123.95795	37	39		+	
6123.95812	39	41			
6123.95826	40	42	□		

NT/LT

Aufgaben und Leistungen der Auftragsteams

Teamstrukturen in der Auftragsabwicklung

- Ausgangssituation
- Verständnis
- Nutzen

Team-sitzungen

Zweck:
- Umwandlung eines Kundenauftrags in einen Werksauftrag
- Technische und terminliche Machbarkeitsprüfung des Auftrags
- Terminliche und kapazitive Auftragssteuerung
- Vertragsprüfung nach DIN EN ISO 9000 ff.

Ziel:

Teammitglieder sollen den Auftrag nach dem Gespräch selbständig und möglichst ohne viele Rückfragen abwickeln.

Realisationsstand

- Eigenständige Abwicklung von Standard- und Variantenaufträgen durch die Teams
- Eingriff der Bereichsleiter nur bei komplexen Anlagen notwendig
- Selbständiger Kapazitätsabgleich innerhalb und zwischen den Teams
- Bereich oder Abteilung dient als Wissens- und Erfahrungspool für die Teammitglieder

Teamsitzung

Erfahrungen bei der Einführung des Pilottteams

Teamstrukturen in der Auftragsabwicklung

Organisatorisch

- Nahtlose Umstellung auf Teamstruktur
- Durchführung der Teamsitzungen von Beginn an ohne Vorgesetzte
- Vorgesetzte in der Funktion eines Teamberaters
- Anfangs externe Moderation der Teamsitzungen

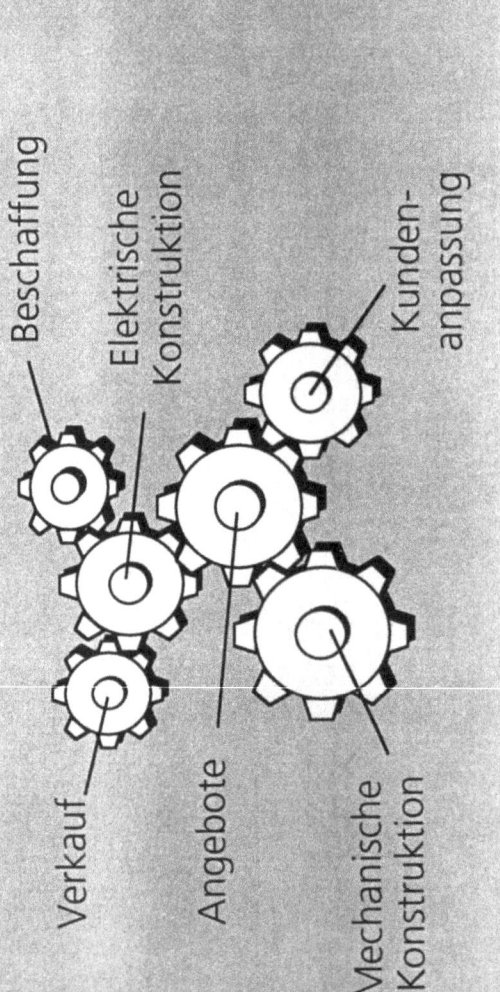

- Verkauf
- Angebote
- Mechanische Konstruktion
- Beschaffung
- Elektrische Konstruktion
- Kundenanpassung

Personell

- Zunehmende Identifikation mit dem Auftrag
- Abbau der Vorbehalte gegenüber anderen Bereichen
- Fähigkeit zur Zusammenarbeit
- Entstehung eines "Wir-Gefühls"
- Zunehmende Selbständigkeit bei der Entscheidungsfindung

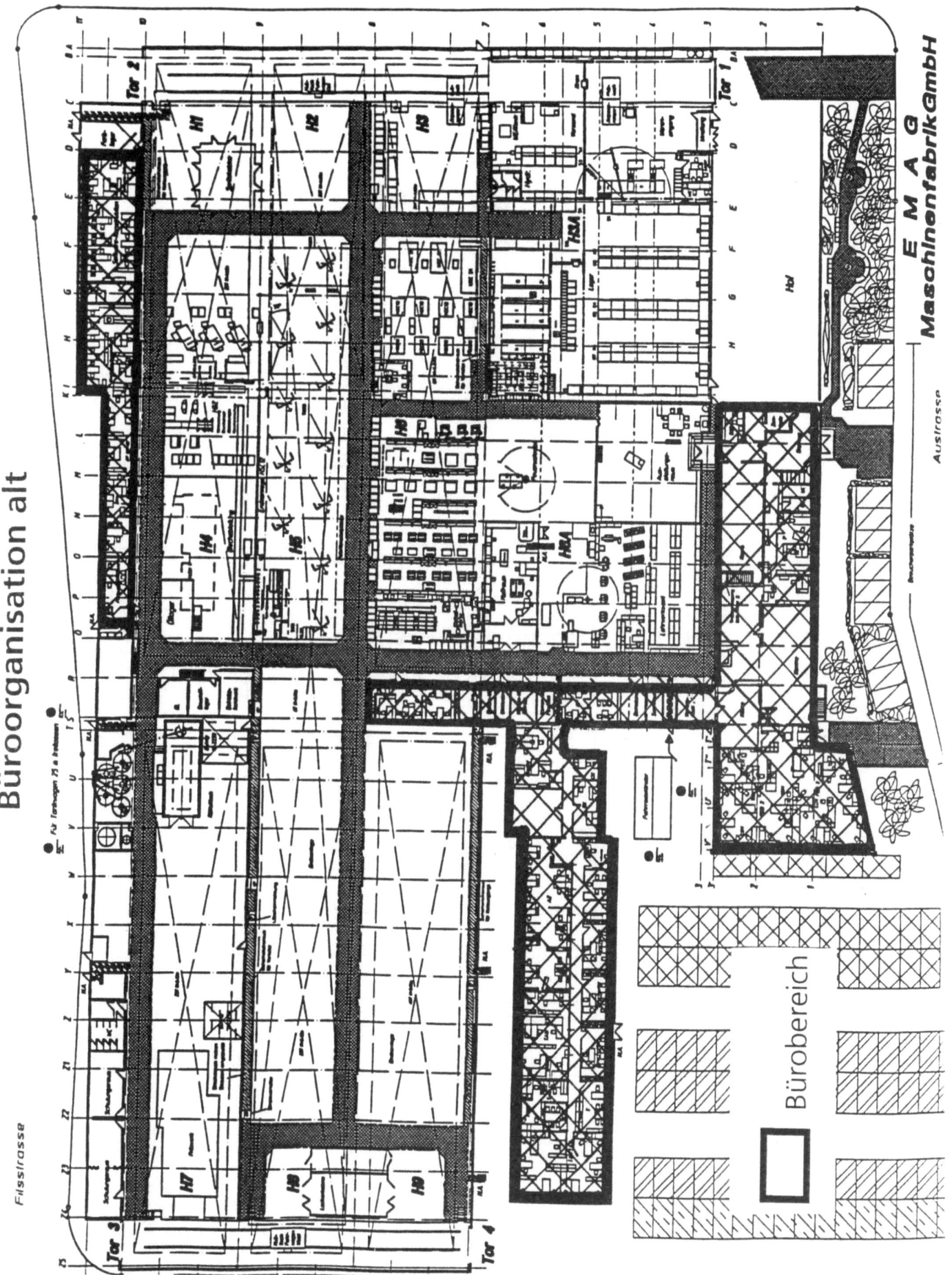

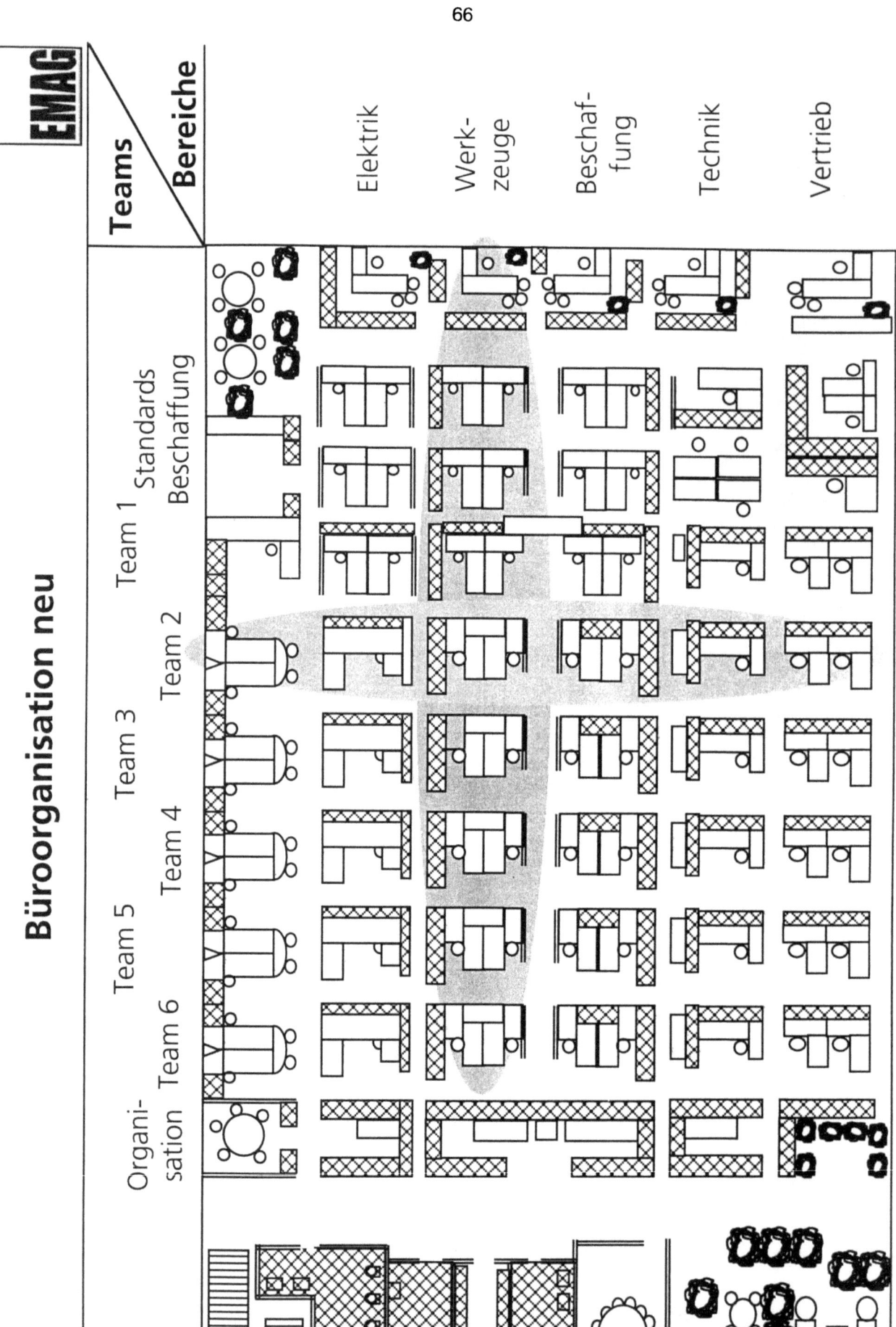

Darstellung Fließmontage

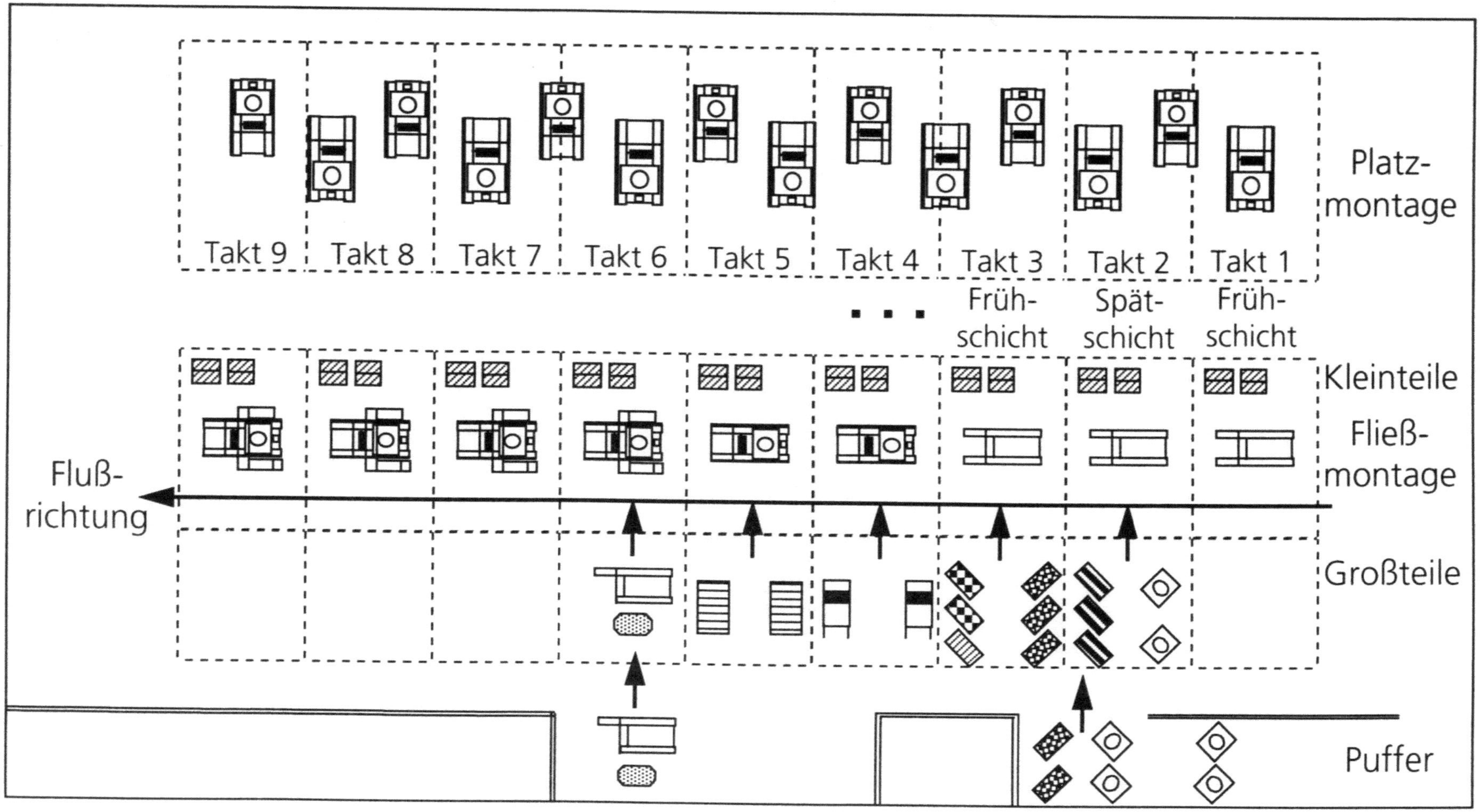

Gruppenarbeit und Fließmontage

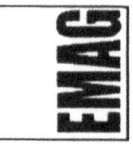

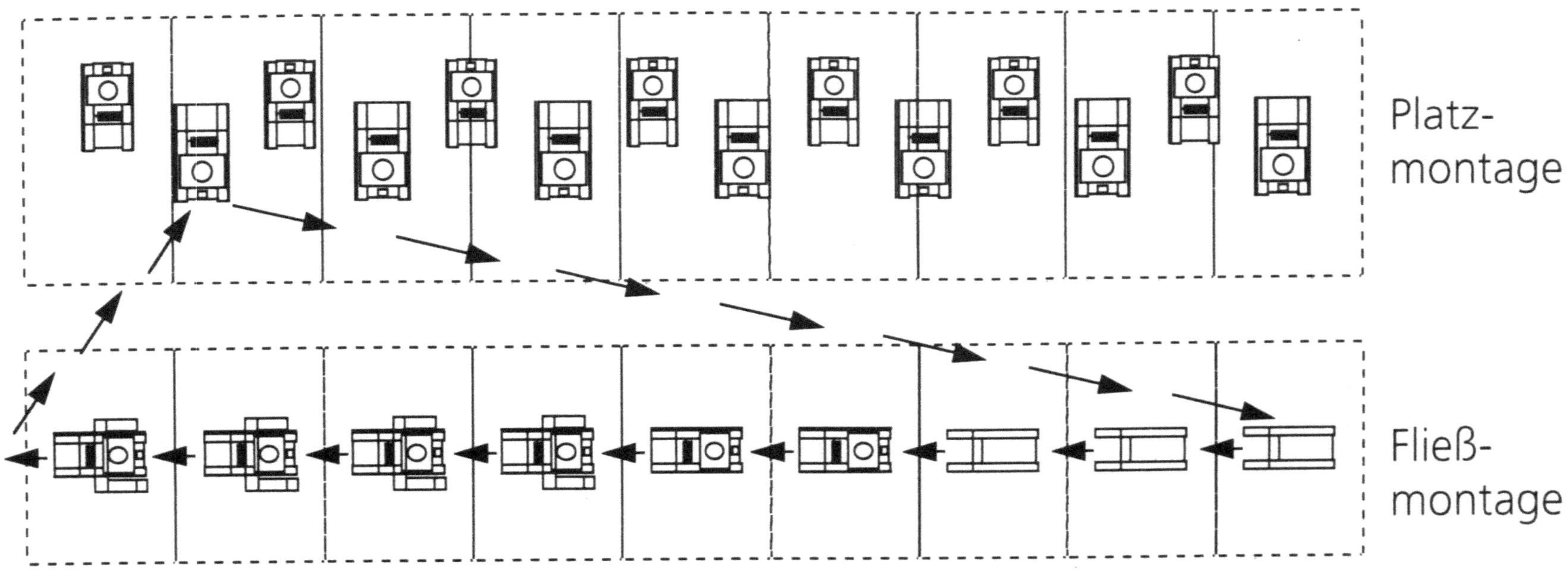

Mitlaufende Gruppe reduziert Bestände, Halbfabrikate etc.

Nutzen

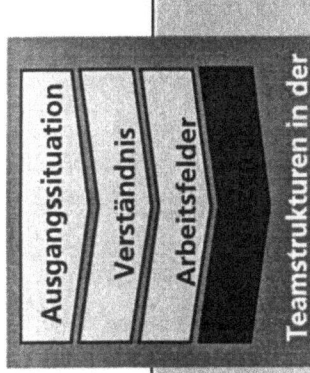
Teamstrukturen in der Auftragsabwicklung

quantitativ

Produktivität
- Erhöhung der Ausbringung um 60 %

Durchlaufzeit
- Verkürzung der durchschnittlichen Auftragsdurchlaufzeit von 30 Wo auf 16 - 12 Wo
- Liefertreue auf ± 2 Wochen

KVP - Kontinuierliche Verbesserung
- Motor für jegliche Veränderung im Unternehmen

qualitativ

Motivation
- Erhöhung der Mitarbeitermotivation durch eigenverantwortliche Auftragsbearbeitung
  - Größere Identifikation mit dem Auftrag
  - Entstehung eines "Wir-Gefühls" im Team
  - Entlastung der Führungsebene
  - "Druck" auf Teammitglieder

Ablauforganisation
- Verbesserung der Abläufe
  - Reduzierung der konstr. Nachtragsänderungen
  - Schnelle Informationsbereitstellung

F. Unden 12.09.1996

Wirkmechanismen der prozeßorientierten Struktur

EMAG

früher (1990)	1996
Durchlaufzeit 9 - 15 Monate	Durchlaufzeit 3 Monate
Lager 35 Mio. (bei 150 Mio. Umsatz)	Lager 12 Mio. (bei 180 Mio. Umsatz)
580 Mitarbeiter (bei 150 Mio. Umsatz)	320 Mitarbeiter (bei 180 Mio. Umsatz)
schlechte Lieferfähigkeit und Termintreue	gute Liefer- und Termintreue
Entwicklungsdauer 1 Jahr	Entwicklungsdauer 2 - 5 Monate
neue Produkte 1 pro Jahr	neue Produkte 4 pro Jahr
gezahlte Prämien ca. 8.000 DM/Jahr 10 Vorschläge/Jahr	gezahlte Prämien ca. 45.000 DM/Jahr 450 Vorschläge/Jahr

- Ausgangssituation
- Verständnis
- Arbeitsfelder

Teamstrukturen in der Auftragsabwicklung

F. Unden 12 09 1996

Management wandelbarer Produktionsnetzwerke

Stefan König

1 Ausgangssituation

Läßt man die Geschichte der Industriealisierung am Beispiel der Automobilherstellung Revue passieren, so muß man bei der von Karl Daimler in Handarbeit hergestellten Motorkutsche beginnen. Als nächster Meilenstein ist sicherlich die von Henry Ford in der ersten Massenproduktion gebaute Tin Lizzy zu erwähnen, für die vor allem Fords Slogan »You can have any color as long as it's black« in Erinnerung geblieben ist. Beendet wird dieser geschichtliche Rückblick in der heutigen Zeit, wo höchst komplexe Automobile mit enormer Variantenzahl in einer Massenproduktion hergestellt und weltweit angeboten werden.

Was aber hat sich zwischen dem Beginn der Massenproduktion durch Ford und der heutigen Zeit in den Produktions- und Absatzstrukturen verändert und wie wurde darauf reagiert?

Fords Produktion war gekennzeichnet durch

- eine sehr hohe Fertigungstiefe,
- wenige, lokal verteilte Lieferanten
- kaum Konkurrenz und
- einen lokalen Vertrieb des Endproduktes in einem ungesättigten Markt

Demgegenüber müssen heutige Automobilhersteller - und nicht nur diese -

- in zumeist gesättigten Märkten gegen
- eine weltweite Konkurrenz und
- mit einem komplexen Produkt, welches das Zusammenspiel beinaher aller technischen Disziplinen und damit einer Vielzahl von Unternehmen verlangt

antreten.

	Lieferanten-anzahl IST	Lieferanten-anzahl SOLL	Kostenziele	Anforderungen der Automobilindustrie an Systemlieferanten
VW	950	100 Top-lieferanten	bis 1995:-15%	**Fertigungstiefenreduktion / Systemkompetenz** System sourcing, modular sourcing, out sourcing Entwicklungs- und Logistikverantwortung Übernahme der Ersatzteil-Abwicklung
Ford	900	600	jährlich -6%	
Opel	1100	500	max. Reduktion der proportionalen Herstellkosten	**Preiswettbewerb für Normteile / Konzeptwettbewerb für Systeme** Global sourcing, singele sourcing, global manufacturing
Audi	1000	400	jährlich -5%	**Variantenbeherrschung / Gleichteilekonzepte**
MB	1100	500	> 1 Mrd. DM	**Design to cost**
BMW	1200	< 900	-20% Kosten	**Entwicklungszeitverkürzung** Simultaneous engineering, Meilenstein-Konzept

Quelle: Zeitschrift für Logistik 6/93

Bild 1: Anforderungen an Systemlieferanten

Diese Situation stellt im Gegensatz zu früher eine wesentliche Verschärfung der Anforderungen an Unternehmen dar (Bild 1 und 2). Um aber den Anforderungen gerecht zu werden, begegnen Unternehmen heute diesen vor allem durch den Einsatz von Automatisierungstechnik und EDV sowie der Produktion in weitverzweigten Unternehmensstrukturen mit verteilten Kompetenzen.

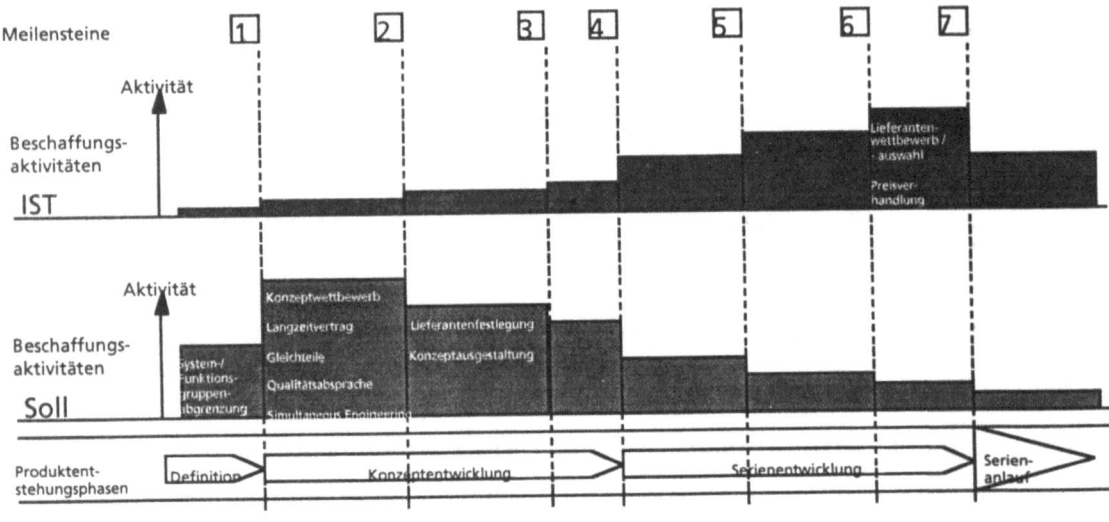

Quelle: Zeitschrift für Logistik 6/93

Bild 2: Aktivitätenvorverlagerung im Produktentstehungsprozeß

Trotz dieser Bemühungen gelingt es aber bisher nicht, die entstandenen netzwerkartigen Strukturen so zu organisieren, daß ein reibungsloser und fehlerfreier Ablauf garantiert werden kann. Der Grund hierfür wird heute zumeist in der einstufigen Planung der Netzwerke (der Planungshorizont reicht nur bis zu den direkten Lieferanten), unzureichender Soft- und Hardwareunterstützung und neuen Entwicklungen im Unternehmensumfeld zugeschrieben.

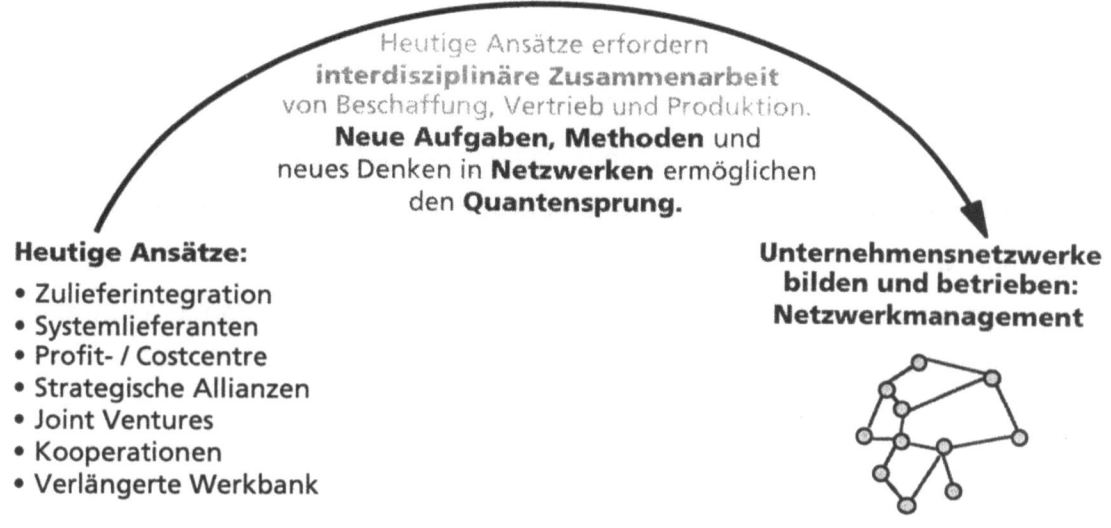

Bild 3: Zunkunftsperspektive Netzwerkmanagement

Diese Entwicklungen lassen es als wahrscheinlich erscheinen, daß in der Zukunft nur diejenigen Unternehmen bestehen werden, denen es gelingt, in einem weltweiten Wettbewerb in meist gesättigten Märkten ständig und präzise die Bedürfnisse der Kunden zu befriedigen. Dies setzt voraus, daß ein erfolgreiches Unternehmen in extremen Maßen in der Lage ist, zu jeder Zeit neue Trends aufzuspüren bzw. diese selber zu setzen und entsprechende Produkte in einem Netzwerk aus den kompetentesten, kreativsten und innovativsten Unternehmen zu produzieren.

Diese Forderung alleine stellt aber selbstverständlich noch keinen Quantensprung in der Erkennung und Lösung von heutigen und zukünftigen Problemen dar. Der Quantensprung wird erst dann erzielt, wenn es gelingt, wandelbare Produktionsnetzwerke zu gestalten und zu betreiben.

Dazu müssen

- Gestaltungkriterien, -methoden und -regeln für die optimale Konfiguration eines Netzwerkes erarbeitet,
- Organisationsstrukturen mit neuen Tätigkeitsbildern geschaffen
- »Spielregeln« und Prinzipien für den Betrieb von wandelbaren Produktionsnetzwerken etabliert
- emotionale Schranken und Berührungsängste abgebaut und
- schnelle, kostengünstige, leicht zugängliche und auf dynamische Strukturen ausgerichtete Informations- und Kommunikationstechnologien entwickelt und eingeführt werden.

Eine Antwort auf die Frage, wie diese Forderungen umgesetzt werden können stellt der im folgenden erläuterte Ansatz des Netzwerkmanagements.

2 Netzwerkmanagement

Um wandelbare Netzwerke zu „managen" sind neue Funktionen zu schaffen. Diese gliedern sich in die folgenden Aufgabenfelder:

- **Architektur**
- **Koordination**
- **Vermittlung**

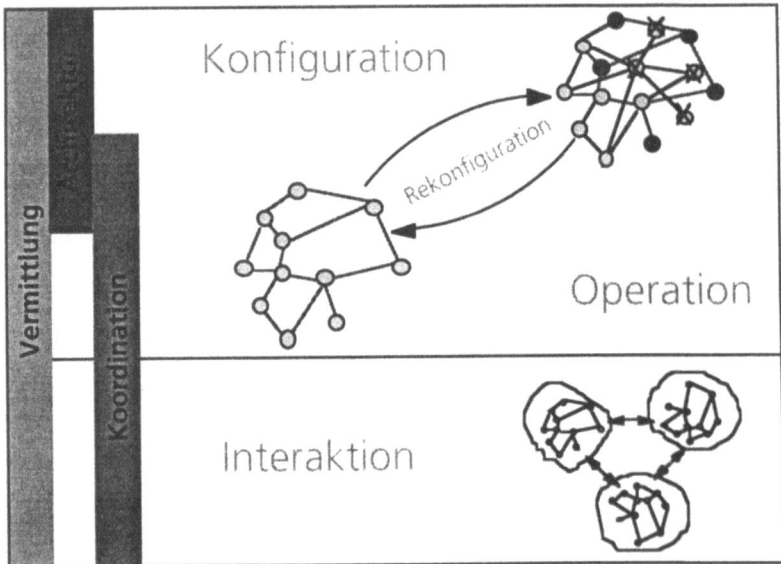

Bild 4: Aufgabenfelder des Netzwerkmanagements

Das Aufgabenfeld der **Architektur** besteht aus der Konfiguration von Produktionsnetzwerken, Schließung von Rahmenverträgen und Schaffung von Strukturen zur Steuerung von Produktionsnetzwerken (Bild 5). Die Funktion des Netzwerkarchitekten ist nicht unbedingt direkt einem netzwerkbeteiligten Unternehmen zugeord-net, son-dern schafft ein gesamtoptimales Produktionsnetzwerk. Dabei kann der Netzwerk-architekt auch in der Person des Ideengebers und -treibers auftreten. Er nutzt in diesem Falle die Kompetenzen eines von ihm geschaffenen Netzwerkes zur Realisierung seiner Idee.

 Ein gesamtoptimales Netzwerk kann nur durch methodisch unterstützte Konfiguration erreicht werden

Aufgaben

- Konfiguration von Produktionsnetzwerken
- Verhandlung von Rahmenverträgen
- Schaffung von Strukturen zur Planung und Steuerung von Produktionsnetzwerken
- Ideengeber und -treiber
- Analyse möglicher Partner
    - Entwicklungspotential
    - Kernkompetenz
    - Struktur des Unternehmens

Hilfsmittel

- Datenbanken
- Simulations- und Bewertungstools
- Börse

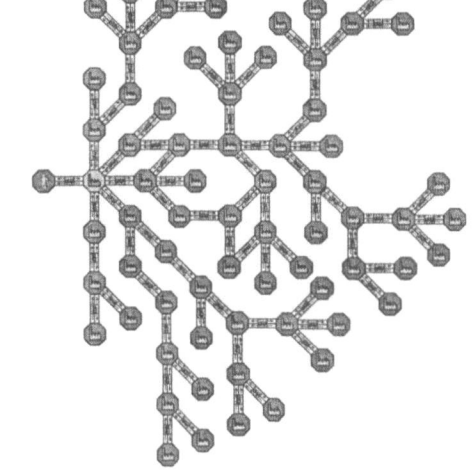

Bild 5: Aufgaben und Hilfsmittel der Architektur

Im Vorfeld der Konfiguration verhandelt der Netzwerkarchitekt mit möglichen Partnern. Dabei muß er das Entwicklungspotential, Kernkompetenzen und Struktur der Unternehmen kennen und entsprechend nutzen (Bild 6). Darüber hinaus kann er Rahmenverträge aushandeln und Voraussetzungen schaffen, die es ermöglichen zwischen den potentiellen Partnern Kapazitäten und Aufträge zu verteilen und eine Leistungsbewertung und -verrechnung durchzuführen.

Strategische Kriterien:	Vereinbarungen: Kooperationsform Absprachesicherheit Flexibilität	Primärfaktoren: Qualifikation Qualität Quantität Lieferzeit	Sekundärfaktoren: Räumliche Entfernung Arbeitszeiten Liefersicherheit Politische Situation Wirtschaftliche Situation Sprachbarriere Kulturelle Barriere	
Operative Kriterien:	Transportkriterien: Transportmittel / -hilfsmittel Transportwege Transportkosten Lagerart Lagertyp Lagerkapazität Lagerkosten	Prozeßkriterien: Anlagen Personalqualifikation Beherrschung (Prozeß) Durchlaufzeiten Flexibilität	Produktkriterien: Qualität Wert Varianten Anforderung Physikal. Eigenschaften Chem. Eigenschaften	Datenkriterien: Kommunikationsmittel Kommunikationswege Informationen / Daten

Grundstruktur:

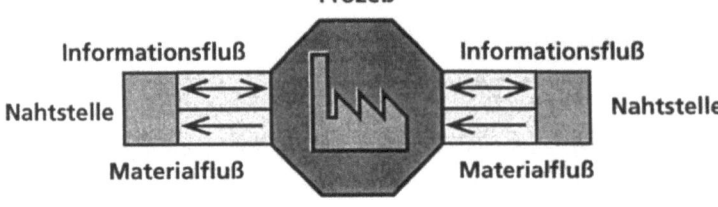

Bild 6: Gestaltungskriterien des Netzwerkmangement

In der Phase des Betriebes der durch die Architektur geschaffenen Netzwerke kommt die **Koordination** (Bild 8) als eine weitere Aufgabe des Netzwerkmanagements zum Tragen. Die Netzwerkkoordination organisiert die Zusammenarbeit innerhalb des Netzwerkes und behält die Übersicht über die gesamte Leistungserstellung. Dadurch hat die Netzwerkkoordination vor allem eine Controllingfunktion, muß Engpässe erkennen und Leistungen der verschiedenen Partner im Produktions-netzwerk disponieren. Das heißt, daß die Netzwerkkoordination einen KVP-Prozeß im Produktionsnetzwerk betreibt und gegebenenfalls Teile des Netzwerkes in Absprache mit der Architektur neu konfigurieren muß.

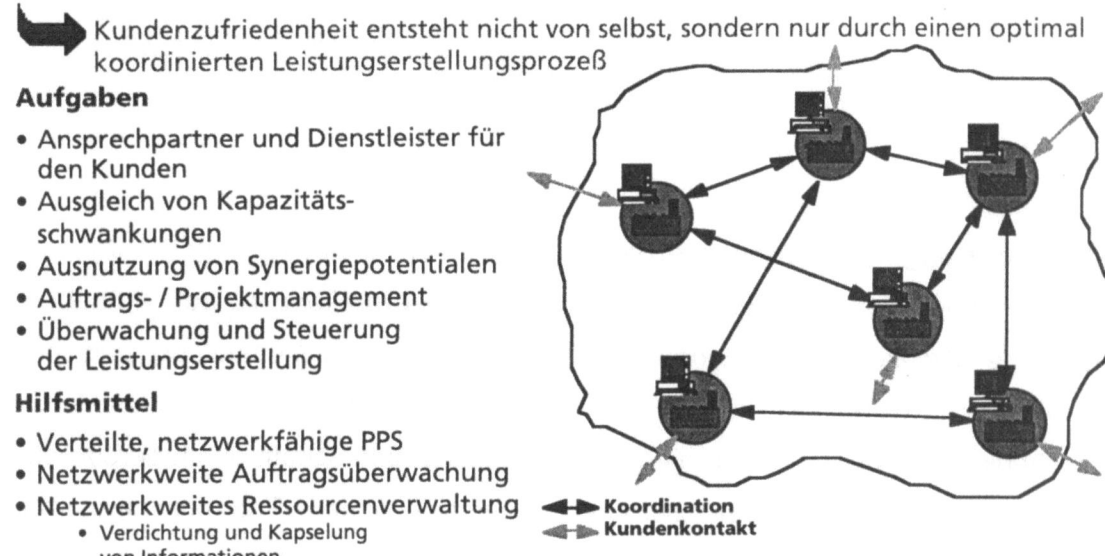

Bild 7: Aufgaben und Hilfsmittel der Koordination

Zu den Aufgaben zählt zudem noch das Projektmanagement. Dazu gehört es, Projektteams aus verschiedenen Netzwerkpartnern zu organisieren und Projekte im Produktionsnetzwerk gemeinsam abzuwickeln.

Als Hilfsmittel für den Netzwerkkoordinator stehen vernetzte PPS-Systeme zur Verfügung, die es ermöglichen im Produktionsnetzwerk zu kommunizieren, und Kapazitätsbedarf abzugleichen. Mit Hilfe von Verdichtung und Kapselung der Information kann bei großer Schnelligkeit eine hohe Datensicherheit gewährleistet werden. Die Überwachung des Leistungserstellungsprozesses zur frühzeitigen Erkennung von Engpässen oder Ausfällen wird über eine Monitoringfunktion (Bild 8) gewährleistet, die „online" sämtliche wichtigen Prozeßdaten erfaßt und auswertet.

➡ Durch netzwerkweite Leistungskontrolle können Engpässe und Ausfälle rechtzeitig erkannt und Gegenmaßnahmen ergriffen werden

Funktionen:

- Monitoring von
  - PPS Daten
  - Kosten
  - Leistung
  - Transportprozessen
  - Fertigungsprozessen
  - Geschäftsprozessen
  - ...

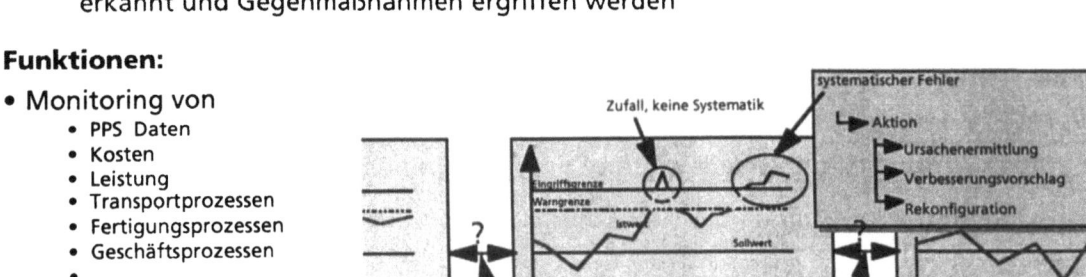

Bild 8: Monitoring von Produktionsnetzwerken

Die **Vermittlung** in Produktionsnetzwerken ist ein sehr breit angelegtes Aufgabenfeld. Sie ist netzwerkübergreifend und somit auch übergreifend zu den Aufgabenfeldern der Architektur und Koordination. Die Aufgabe der Vermittlung zwischen Produktionsnetzwerken ist wie ein Makler zu verstehen. Der s.g. Netzwerkmakler ist Branchenkenner wie z.B. heute ein Immobilienmakler und schafft durch persönliche Beratung neue Verbindungen zwischen unterschiedlichen Produktionsnetzwerken. Er sieht langfristige Entwicklungen, koordiniert Kapazitäten zwischen verschiedenen Produktionsnetzwerken und betreibt Ideenmanagement. Er bietet netzwerkunabhängig vollständige Informationen über Angebot und Nachfrage von Leistungen und Kapazitäten an. Die Arbeitsweise des Netzwerkmaklers ähnelt der eines Börsenmaklers.

➡ Netzwerk- und damit branchenübergreifendes Know how schafft Innovationen

Aufgaben:

- Zusammenführung unterschiedlicher Kompetenzen zu neuen Produkten
- Erkennung von langfristigen Entwicklungen
- Vermittlung neuer Partner
- Ideengeber und -manager
- Ausgleich von Kapazitäten
- Vermittlung von Aufträgen

Hilfsmittel:

- Börse
- Infrastruktur
- Kommunikationsmittel

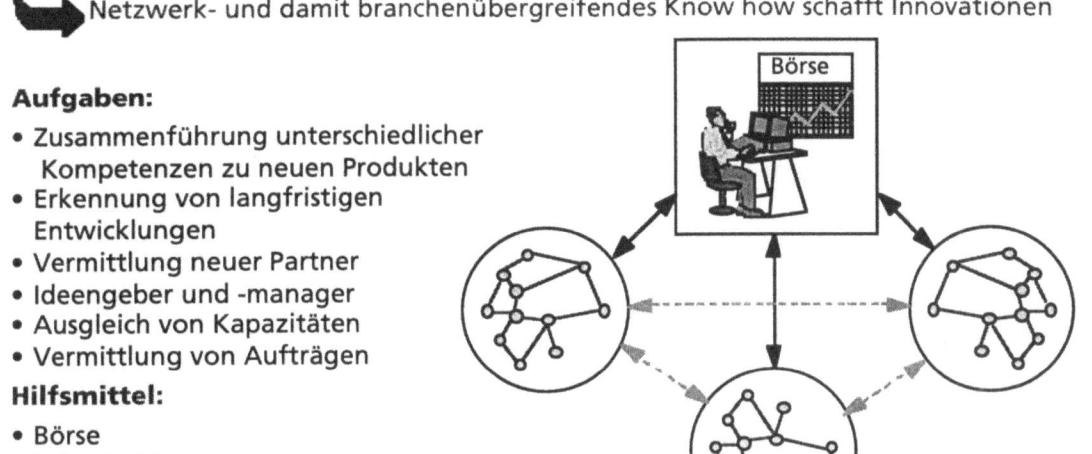

Bild 9: Aufgaben und Hilfsmittel der Vermittlung

Unterstützt wird der Netzwerkmakler durch Börsenstrukturen, die es ihm ermöglichen gezielt Kapazitäten, Ideen, Know-how oder neue Partner anderen Produktions-netzwerken anzubieten oder von anderen Produktionsnetzwerken abzufragen.

3 Nutzen des Netzwerkmanagements

Durch die Einführung des Netzwerkmanagements entstehen folgende Vorteile:

- Optimale Konfiguration des Netzwerkes
- Hohe Reaktionsfähigkeit auf Kundenwünsche
- Große Flexibilität der Fertigung
- Hohe Termintreue zum Kunden
- Bessere Ausnutzung von Ressourcen
- Größere Verfügbarkeit an Material trotz geringer Lagerkapazitäten
- Geringes Risiko von Produktionsausfällen
- Schaffung von Innovationen

4 Praxisbeispiel

In einem Versuch haben sich 17 Unternehmen mit insgesamt über 25000 Mitarbeitern über drei Länder verteilt zu einem virtuellen Unternehmen „Euregio Bodensee" (Bild 10) zusammengefunden.

Kooperation trotz Konkurrenz

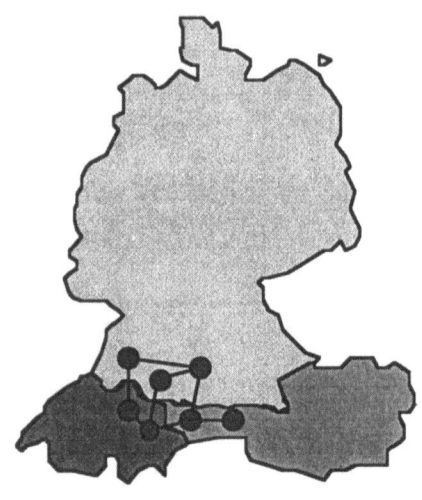

- **17 beteiligte Unternehmen**
  AEG Electrocom   Lingenhöle Technologie
  Alge Elektronik   Pantec Engineering
  ALOW AG   Schuler Konstruktionen
  Bühler   SFS Provis
  H.A. Schatter   SIG Holding
  Hamilton   Unima
  Heckel Maschinenbau   Weder Kurath
  Högg   Wiftech
  Leica

- **Unternehmen über vier Länder verteilt**
  Deutschland
  Österreich
  Schweiz
  Lichtenstein

- **Über 25 000 Beschäftigte**

aus: Produktion 20.06.96 Nr. 25

Bild 10: Beispiel Euregio Bodensee

Die Grundidee (Bild 11) des Versuchs war es in eine zentrale Datenbank den Maschinenpark und die Kernkompetenz jedes am Produktionsnetzwerk beteiligten Unternehmens zu speichern.

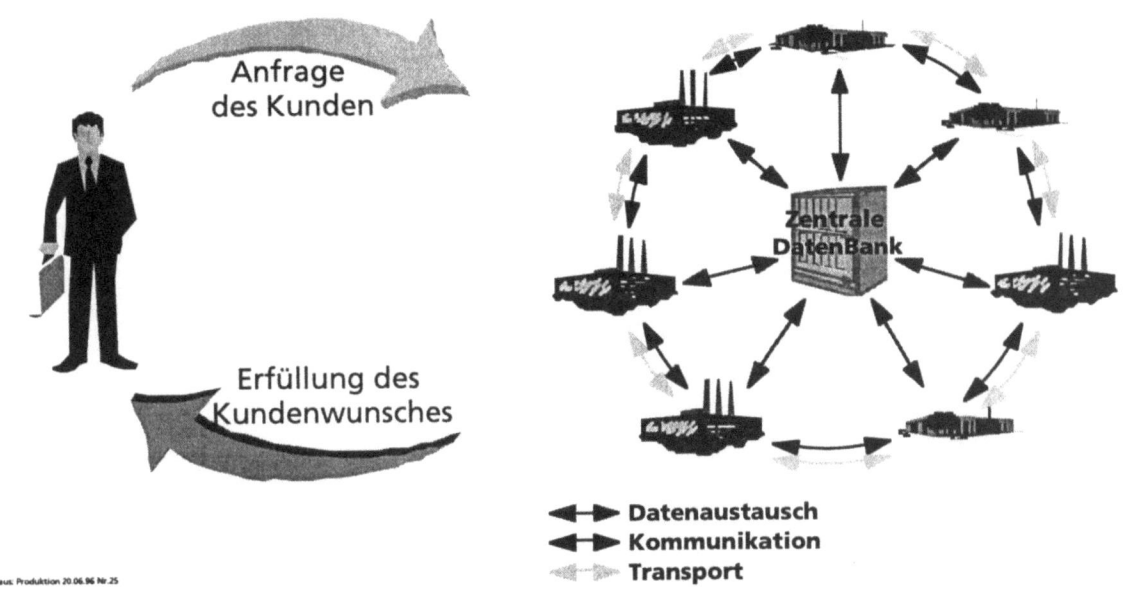

Bild 11: Grundprinzip des Versuches

Kommt nun eine Anfrage an das virtuelle Unternehmen, kann es sehr schnell reagieren und so die Kundenwünsche bestmöglich erfüllen. Dabei stellte sich heraus, daß nicht die Kostenoptimierung der Erfolgsfaktor war, sondern der Aspekt „Earlytime to market" einen viel größeren Nutzen darstellte. Die an dem Versuch beteiligten Unternehmen haben folgenden Vorteile ihres „Netzwerk-Unternehmen" gesehen, es:

- reagiert schnell auf Marktanforderungen,
- eliminiert Standortnachteile,
- erhält die Mitarbeiterqualifikation,
- schafft neue Berufsbilder,
- und reduziert Abhängigkeiten innerhalb der Zulieferbeziehungen.

Dieser Versuch realisiert nur einen Teil des Netzwerkmanagements (Bild 12). Schon dieser Teil hat aber gezeigt, daß diese neue Organisationsstruktur einen Quantensprung für die beteiligten Unternehmen darstellt. Besonders für klein- und mittelständische Unternehmen birgt dieses ein hohes Potential, da sie sich auf Zeit in einem Produktionsnetzwerk zusammenschließen können und wie ein

„Großunternehmen" weltweit an den Markt gehen können, aber trotzdem die Flexibilität eines klein- und mittelständischen Unternehmens aufweisen.

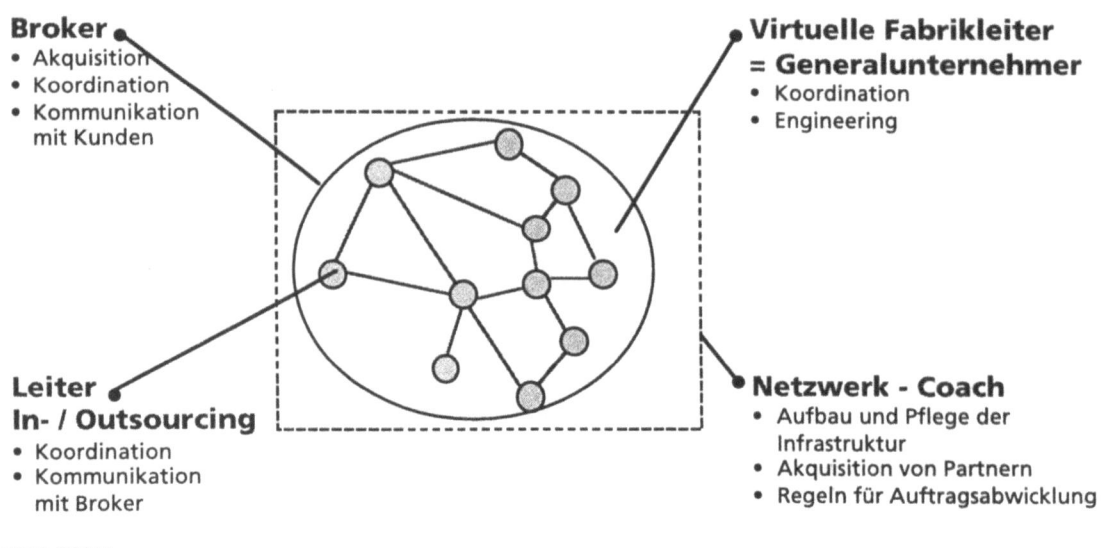

Bild 12: Aufgaben und Rollen im Versuch

5 Umsetzungsstrategie

Zu Beginn der Umsetzung (Bild 13) steht eine interdisziplinäre Analyse und Bewertung von vorhanden Produktionsnetzwerken. Dabei müssen möglichst alle relevanten Kriterien berücksichtigt werden. Durch eine solche ganzheitliche Untersuchung bestehender Produktionsnetzwerke kann das große Potential einer gesamtheitlichen Betrachtungsweise von Produktionsnetzwerken aufgezeigt werden.

In einer zweiten Stufe wird unter Berücksichtigung der Ergebnisse der Analyse- und Bewertungsphase im Hinblick auf ein gemeinsames Leitziel, das untersuchte Produktionsnetzwerk mit Hilfe von Softwaretools optimiert. Durch diesen methodischen Ansatz gelingt es ein gesamtoptimales Netzwerk zu schaffen.

- Interdisziplinäre Analyse und Bewertung vorhandener Produktionsnetzwerke unter Berücksichtigung aller relevanten Kriterien.
- Optimierung vorhandener Produktionsnetzwerke im Hinblick auf ein gemeinsames Leitziel
- Etablierung der Re- bzw. Konfigurationsmechanismen
- Einrichtung von Strukturen zur verteilten Planung und Steuerung von Produktionsnetzwerken
- Etablierung der neuen Aufgabenfelder des Netzwerkmanagements auf breiter Ebene

Bild 13: Strategie zur Schaffung eines Netzwerkmanagements

In weiteren Schritten werden Re- bzw. Konfigurationsmechanismen im Netzwerk etabliert. Diese Mechanismen ermöglichen eine zum Teil automatische Re- bzw. Konfiguration unter Berücksichtigung gemeinsamer Leitziele. Ergänzend dazu werden Strukturen geschaffen, die eine verteilte Planung und Steuerung ermöglicht. Dabei sollen in erster Linie netzwerkübergreifend PPS Funktionen ermöglicht werden. Zusätzlich werden Monitoringfunktionen in das System integriert.

Schließlich werden die Aufgabenfelder des Netzwerkmanagements auf breiter Ebene etabliert. Das Netzwerkmangement erreicht durch das Zusammenspiel der bis dort hin geschaffenen Strukturen den unter Punkt 3 aufgezeigten Nutzen.

Entwicklung eines Kooperationsverbundes am Beispiel Mercedes Benz Südafrika (MBSA)

Lothar Aldinger

Entwicklung eines Kooperationsverbundes

am Beispiel
Mercedes Benz Südafrika [MBSA]

Kultur- und Kongresszentrum
Liederhalle Stuttgart
12. September 1996
Dr. Lothar Aldinger

Fraunhofer Institut
Produktionstechnik und
Automatisierung

4. Stuttgarter
Innovationsforum
12. + 13. Sept. 1996

Entwicklung eines Kooperationsverbundes am Beispiel MBSA

1. → Politisch/ökonomische Rahmenbedingungen in Süd-Afrika

2. → Situation und Historie des
Unternehmens MBSA

3. → Beispiele der Kooperation

3.1. → Entwicklungsbereich

3.2. → Anlagenplanung

3.3. → Produktionsvorbereitung/
Produktionsanläufe

3.4. → Produktion

3.5 → Qualitätssicherung

3.6. → Lieferbezüge lokal

3.7. → Lieferbezüge international

3.8. → Vertriebsorganisation

3.9. → Sonstige Aufgabenfelder

4. → Bewertung der Kooperationen

5. → Zusammenfassung

Fraunhofer Institut
Produktionstechnik und
Automatisierung

4. Stuttgarter
Innovationsforum
12. + 13. Sept. 1996

1. ➤ Politisch/ökonomische Rahmenbedingungen in Südafrika/I

- 1.1 4/94 politische Abschaffung der Apartheit in Südafrika durch erste nationale Wahlen
- 1.2 5/94 Bildung einer aus allen nennenswerten Parteien bestehende Regierung der nationalen Einheit => Opposition sehr schwach
- 1.3 Annahme eines Wiederaufbau-Programms (RDP = Reconstruction and Development Program)
- 1.4 Vorläufige Verfassung durch endgültige ersetzt
- 1.5 Nationale Partei geht formal in echte Opposition entsprechend wirtschaftlich/demokratischen Prinzipien
- 1.6 Wirtschaftliche Fortschritte in einzelnen Provinzen sehr unterschiedlich
    - => Eastern Cape am schlechtesten und am langsamsten
    - => Western Cape neuer Zielort für Investoren

Fraunhofer Institut
Produktionstechnik und
Automatisierung

4. Stuttgarter Innovationsforum
12. + 13. Sept. 1996

---

1. ➤ Politisch/ökonomische Rahmenbedingungen in Südafrika/II

- 1.7 Ausländische Investoren haben Schwierigkeiten geeignete Partner zu finden
- 1.8 In Gauteng (Johannesburg) hohe Kriminalität
    - => High Tech verläßt Gegend und geht nach Kapstadt
- 1.9 Hohe Arbeitslosigkeit bei der ungebildeten Bevölkerung
- 1.10 Affirmative Action Program aufgesetzt um Ungerechtigkeiten und Benachteiligungen der Vergangenheit auszugleichen
- 1.11 Beamtenapparat vor allem in den ehemaligen Homelands über alle Proportionen aufgebläht
    - => private Initiativen eher gelähmt
- 1.12 Presendential Projekte eingerichtet um Brennpunkte massiert angehen zu können

Fraunhofer Institut
Produktionstechnik und
Automatisierung

4. Stuttgarter Innovationsforum
12. + 13. Sept. 1996

1. Politisch/ökonomische Rahmenbedingungen in Südafrika/III

- 1.13 Exportorientierung der Wirtschaft angestrebt

    => Öffung der Märkte für ausländische Konkurrenz

- 1.14 Inflationsrate sinkt immer weiter unter z. Z. ± 7%

- 1.15 Freigabe der Randwechselkurses ergab höheren Randwert als der Financial-Rand darstellte

- 1.16 Zeit nach Mandela bereits in Vorbereitung

- 1.17 Zollgesetzgebung :
    Einfuhrzölle fallen bis 2002 auf 30% bei Fertigzeug und 20% bei Komponenten

- 1.18 7 Automobilhersteller:
    MBSA, Toyota, VW, BMW, Nissan, Samcor (Ford, Mazda), Delta (GM, Suzuki)

- 1.19 Massive Importe:
    Hyundai (PKW), Tyco (NFZ), VW (NFZ, PKW), ...

Fraunhofer Institut
Produktionstechnik und
Automatisierung

4. Stuttgarter
Innovationsforum
12. + 13. Sept. 1996

2. Historie des Unternehmens MBSA

1948	Gründung CDA als Montagebetrieb für verschiedene Fabrikate
1958	Beginn Montage MB 190
1962	Beginn Montage LKW
1962	CDA als Teil der UCDD (Vertriebsgesellschaft) eingebunden in die Daimler Benz AG (26,67%)
1973	Eigene MB-PKW-Motoren-Montage
1977	Anlauf W123, Unimog
1981	Anlauf S-Klasse (W126)
1982	Anlauf Honda Ballade
1984/86	UCDD und CDA in *Mercedes Benz of South Africa = MBSA* umgetauft (50,1% Aktienanteil)
1994	Aktien zu ca. 80 % in Händen der MBSA
1994	Anlauf Mitsubishi
1995	Anlauf Freightliner
1996	Spartenorganisation (MB-PC, H + M, CV, F)

Fraunhofer Institut
Produktionstechnik und
Automatisierung

4. Stuttgarter
Innovationsforum
12. + 13. Sept. 1996

2. → Situation und Historie des Unternehmens MBSA

Wirtschaftliche Situation

1982	Händlernetz nur mit Luxusklasse nicht ausreichend lukrativ
	=> Honda Ballade als Produktpaletten Ergänzung für MBSA
	=> Honda Ballade integriert in SA Dealernetz
1989	Start des sozial/politischen Reengineering/Businesstransformation
	=> Kooperation mit den Gewerkschaften
1994	Trockenheit führt vor allem in SA zur Rezession
1995	Rekordgewinne (86% des Investments)
1996	prozeßorientiertes Reengineering
	(Business Transformation)
	=> Mitarbeit der Gewerkschaften am Neugestaltungsprozeß

Fraunhofer Institut Produktionstechnik und Automatisierung

4. Stuttgarter Innovationsforum
12. + 13. Sept. 1996

Beispiele der Kooperation - Entwicklungsbereich I

Beispiele

Nationalisierung von CKD-Komponenten

- Kostenreduzierung
  (Nutzung der Vorteile von SA)

- Komponenten für Export vorbereiten
  (Stückzahlsteigerung
  => weitere Kostenreduzierung)

- Erfüllung gesetzlicher Vorschriften
  (Straßenverkehrsordnung, Zoll)
  MB-PC/CV : vielfältig (z. B. Kat.)
  Honda   : Stoßfänger, Sitze, Tank, etc.
  Mitsubishi : Sitze

→ *Bewertung*

Die Nationalisierung von CKD-Komponenten wird von MBSA z. B. wesentlich stärker unterstützt

→ *Zukunft*

Vor allem Honda versucht Lieferanten aus SA stärker als bisher in ihr Global Sourcing einzubinden

Fraunhofer Institut Produktionstechnik und Automatisierung

4. Stuttgarter Innovationsforum
12. + 13. Sept. 1996

Beispiele der Kooperation - Entwicklungsbereich II

Beispiele

Produktanpassung

- Anpassung der Konstruktion an Spezifikas von SA (z. B. Bodenfreiheit)
- Kundenwünsche (Flotten)
- Homologation / SABS
- Modellvereinfachung zur Kostenreduzierung
  - MB-CV : Abgemagerte Innenausstattung
  - Honda : Tools
  - Mitsubishi : Hardbody
  - MB-PC : minimale Anpassung
  - Freightliner : SA-spezifische Q-Standards

Bewertung

- Im NFZ-Bereich ausgeprägte Beteiligung an Produktanpassung
- Im MB-PKW-Bereich Fertigung faktisch null
- Bei Honda weniger als früher
- Bei Mitsubishi neuer Beginn

Zukunft

Marktnischen könnten den Bedarf an Produktanpassung erhöhen.

Beispiele der Kooperation - Entwicklungsbereich III

Beispiele

Neuprodukte

- Konzeption neuer Fahrzeug-Modelle (LTC)
- Modifikation von bestehenden Konzepten (MB 700)
- Modifikation von bestehenden Produktionen (CKD für Freightliner, 1017)

Bewertung

- Für MBSA strategischer Stellhebel zur Gestaltung der Produktpalette
- MBSA z. T. "Aussenstelle" von MBAG (KVS/EVS)

Zukunft

- Ideen japanischer Produktentwicklung stärker zu beeinflussen

Beispiele der Kooperation - Anlagenplanung

Beispiele

- reger und gegenseitiger Informationsaustausch
  - SA <=> Deutschland
  - SA <=> Japan
  - SA <=> andere Länder
- Unterstützung im Planungsprozess
  - mit Lieferanten
  - mit East London
- Vermittlung von Experten
- Unterstützung von SA-Lieferanten

Bewertung

- MBSA erhält Zugriff auf Top-Technologie und "Dritte-Welt"-Konzepte zur Optimierung eigener Vorhaben
  => *Das Beste aus aller Welt*
- Lieferanten in SA profitieren technologisch enorm

Zukunft

- MBSA kann Erlerntes und Selbstentwickeltes vermarkten (z. B. Einfachabläufe anstelle komplizierter Prozeduren)

Fraunhofer Institut Produktionstechnik und Automatisierung

4. Stuttgarter Innovationsforum
12. + 13. Sept. 1996

Beispiele der Kooperation - Produktionsvorbereitung

Beispiele

Produktanläufe
- Mitarbeit in Pilotprojekten
- Mitarbeit bei Serienanlauf
- gemeinsame Ablaufplanung im Lieferwerk
- Optimierung der Abläufe in East London zusammen mit externen Experten
- Training im Lieferwerk von Trainern
- Trainer der Lieferwerke zur Einführungsunterstützung

Prozeßoptimierung
- regelmäßige Besuche

Bewertung

- äußerst kooperative Zusammenarbeit mit MBAG und Honda
- mit Mitsubishi noch Anfangsschwierigkeiten

Zukunft

- mehr systematisierte Prozeßoptimierung anzustreben durch permanente Präsenz der Liefergesellscchaft

Fraunhofer Institut Produktionstechnik und Automatisierung

4. Stuttgarter Innovationsforum
12. + 13. Sept. 1996

Seite 6

Beispiele der Kooperation - laufende Produktion

Beispiele

Audits:
- Produkt-Audit
- Anlagen-Audit
- Management-Audit

Empfehlungen:
Prozessverbesserung incl. indirekte Bereiche

Einsatzteams im Falle größerer Probleme:
z. B. Honda-Achsen

Bewertung
- MBAG weniger formell und sehr flexibel
- Japaner eng an ihre Vorgehensweise angelehnt (incl. Formblätter)
- Japaner sehr zuverlässig und konsequent

Zukunft
- Kontaktpersonen permanent in East London

Fraunhofer Institut Produktionstechnik und Automatisierung

4. Stuttgarter Innovationsforum
12. + 13. Sept. 1996

Beispiele der Kooperation - Qualitätssicherung

Beispiele

MBSA-QS-Systeme
- QS-System von MBAG Pflicht
- IQS von Honda/Mitsubishi
- I.D. Power
- Customer-Saticfaction-Index

MBAG führt Produkt-Audit 2 x p. a.

Honda macht bei "Alt"-Kunden IQS

- Berichte an MBSA und Lieferfirmen
- MBSA hat zu kommentieren und Gegenmaßnahmen zu beschreiben

Bewertung
- die verschiedenen Ansätze zur Beurteilung der Produktqualität sind bei MBSA integriert und so abgestimmt worden, daß MBSA intern sehr strenge Maßstäbe anlegt
- die externen Audits sind wichtig zur Überprüfung der eigenen Audits

Zukunft
- MBSA arbeitet mit "Zielflächen"

Fraunhofer Institut Produktionstechnik und Automatisierung

4. Stuttgarter Innovationsforum
12. + 13. Sept. 1996

Beispiele der Kooperation - Lieferungen lokal / Übersee

Beispiele

- CKD-Verpackung
- Transportkostenreduzierung
- Zielpreise
  (internationaler Wettbewerb)
- Fehllieferungen
- Nachlieferungen

Bewertung

- MBAG wesentlich flexibler und kundenorientiert
- Honda/Mitsubishi eingefangen in starre Abläufe, aber sehr zuverlässig
- MBSA hat durch gewaltige Anstrengungen den Rückstand aufgeholt und ist nun No. 1

Zukunft

- Versuch mehr Flexibilität zu günstigen Preisen von Japanern zu erhalten

 Fraunhofer Institut Produktionstechnik und Automatisierung

4. Stuttgarter Innovationsforum
12. + 13. Sept. 1996

Beispiele der Kooperation - Vertriebsorganisation

Beispiele

- Niederlassungen/Händler, alle selbständigen Unternehmen => Bindung an MBSA aus rein wirtschaftlichen Überlegungen
- MBSA kommuniziert und verhandelt mit Händlern
- MBSA hat in Garantiefällen mit Liefergesellschaften zu verhandeln
- Ersatzteilwesen: MBSA eigene Organisation

Bewertung

- gegenseitige Unterstützung
- MBSA dominiert
- Mercedes Benz Qualität beste in SA => Honda beste jap. Werkstatt in SA
- Werkstattstundensätze suspekt

Zukunft

- Multifranchise Konzepte auf dem Vormarsch

 Fraunhofer Institut Produktionstechnik und Automatisierung

4. Stuttgarter Innovationsforum
12. + 13. Sept. 1996

Beispiele der Kooperation - Sonstige

Beispiele

- strategische Kooperation mit BMW
  => Zollgesetzgebung
- politische Kooperation mit BMW, VW
  => IGM + MKMSA + MBSA, BMW, VW
  vor Wahl '94 betriebsinternen
  Abschaffung der Apartheit
- Produktionsverbund VW-Preßwerk
- Tarifverhandlungen
  MBSA, Toyota, Delta, Samcor, VW, BMW
  Nissan eng verknüpft
- Gewerkschaften:
  Hausinterne Vereinbarung
  zur Stärkung der Wettbewerbsfähigkeit

Bewertung

- Rahmenbedingungen in SA zwingen zur strategischen Kooperation trotz operativer Konkurrenz

Zukunft ?

Fraunhofer Institut
Produktionstechnik und
Automatisierung

4. Stuttgarter
Innovationsforum
12. + 13. Sept. 1996

---

4. ► Bewertung der Kooperation

► Japaner haben hohe industrielle Reife durch strategische Kooperation mit "Erzfeinden" bewiesen
► Kooperation mit Japanern beinhaltet sprachliche Schwierigkeiten
► Asiatische Mentalität (beeinflußt von Buddhismus und dessen Verhaltenswertesystem) verleitet westliche Manager sich überlegen zu fühlen
► Beziehungen sind langfristig aber hart
► Lerneffekte phänomenal

- technisch, Management, menschlich

Es lohnt sich auf jeden Fall!

Fraunhofer Institut
Produktionstechnik und
Automatisierung

4. Stuttgarter
Innovationsforum
12. + 13. Sept. 1996

5. Zusammenfassung

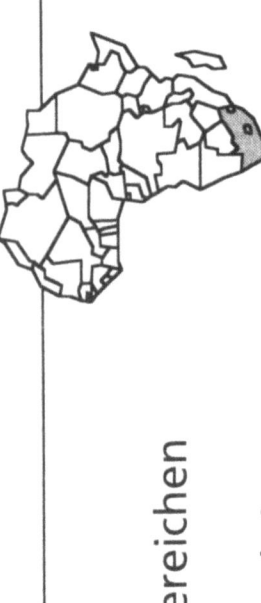

- Kooperation mit Konkurrenten in allen Bereichen
- Kooperation im operativen Bereich besser als im strategischen Bereich
- Im strategischen Bereich Kooperation auf dem Level des gemeinsamen kleinsten Nenners gegen die Kräfte von außen (reaktiv)
- Nutzen finanziell nachweisbar
- Nutzen bezüglich Inspiration, "Augen öffnen", Know-how-Gewinn unbezahlbar

Fraunhofer Institut
Produktionstechnik und
Automatisierung

Kooperieren mit Kunden und Konkurrenten

Peter Pleus

Kooperieren mit Kunden und Konkurrenten

Zwischenbilanz einer umfassenden Kooperationsstrategie zur Erlangung der Systemfähigkeit

Kurzfassung

1. Warum soll ein Zulieferer kooperieren?

Die Automobil-Zuliefererindustrie wird mit zunehmender Geschwindigkeit durch globalen Wettbewerb geprägt, wobei inzwischen nicht nur aus Sicht deutscher Zulieferanten dem Druck internationaler Zulieferer-Konkurrenz standgehalten werden muß, sondern insbesondere auch die Herausforderung bewältigt werden muß, die mit der weltweiten Produktion gleicher Motoren durch internationale Kunden einhergeht. Es versteht sich von selbst, daß bei Produktion von Motoren in den „Emerging Markets" massive Local Content-Forderungen gestellt werden, die nur mit globalen Produktionsstrategien der Zulieferer befriedigt werden können.

Darüber hinaus ist inzwischen die Systembildung weit fortgeschritten:
Waren anfangs die „Paradebeispiele" für Systeme eher im Bereich Body and Assembly zu finden (kompletter Sitz, komplette Türe usw.), hat sich inzwischen der Systemgedanke über den Antriebsstrang zum Motor und Teilsysteme aus dem Motor, wie Zylinderkopf und Ventiltrieb, weiterentwickelt.

Vor diesem Hintergrund kann sich ein Zulieferer nur durch globale Präsenz und Systemfähigkeit differenzieren und muß sich die Frage stellen, ob er diese Anforderungen aus eigener Kraft erreichen kann, ob also insbesondere seine Produktbasis sowie Entwicklungskompetenz und -kapazität zur Systembildung ausreichen.

...

2. Strategischer Ansatz der Unternehmenskooperation MWP

In den Unternehmensgruppen Mahle-Wizemann (MW) und Pleuco GmbH (P) bildete sich parallel Anfang der 90-iger Jahre die Erkenntnis heraus, daß

1. vom Markt her Nachfrage nach dem System Ventiltrieb entsteht
2. die beiden Firmengruppen jeweils alleine nicht oder nur mit Schwierigkeiten in der Lage sein würden, ein solches System darzustellen.

Um die Basis für einen schlagkräftigen, global aktionsfähigen Systemzulieferer zu schaffen, wurde Ende 1994 eine Fusion der beiden Unternehmensgruppen zur MWP Mahle-J.Wizemann-Pleuco GmbH beschlossen und durchgeführt. MWP war damit in der Lage, wesentliche Elemente des Systems Ventiltrieb „rund um das Ventil" darzustellen, ohne jedoch zunächst das Ventil selbst integriert zu haben.

Bei der Suche nach geeigneten Partnern stellte sich heraus, daß die Mercedes-Benz AG ihr Werk Bad Homburg, drittgrößter Ventilhersteller in Europa, soweit ertüchtigt hatte, daß es als idealer Kooperationspartner für MWP in Frage kam.

3. Durchführung Ergebnisse

Mit wirtschaftlicher Wirkung zum 01.07.1995 wurde das Mercedes-Benz-Werk, Bad Homburg als eigenständige Gesellschaft EuroVal Motorkomponenten GmbH ausgegründet und gegen Gewährung von Gesellschaftsanteilen zu 100 % in die MWP Mahle-J.Wizemann-Pleuco GmbH eingebracht.
Die gewählte Gesellschafterstruktur stellt sicher, daß MWP als Teilkonzern der Mahle-Gruppe geführt werden kann und auf jeder Ebene eine eindeutige, industrielle Führerschaft gegeben ist.

...

Die internationalen Standorte der einzelnen „Gründungsmitglieder" von MWP ergänzen sich optimal, so daß die Unternehmensgruppe im Sinne eines Global Player agieren kann, wobei die Standortstrategie zwischen Technologie- und Produktionszentren unterscheidet, die einerseits kundennahe Entwicklungskompetenz, andererseits Ausnutzung weltweit günstigster Produktionsfaktorkosten sicherstellen sollen.

Im Sinne einer modernen Centerstrategie wird die Gruppe so zentral wie nötig und so dezentral wie möglich geführt, wobei möglichst hohe Ergebnisverantwortung in die Erfolgszentren delegiert wird.

4. Entwicklung zum Systemanbieter

Mit ca. 66 % Umsatzanteil prägen Ventiltriebskomponenten und Baugruppen den Charakter von MWP. Es ist schneller als erwartet gelungen, sich vom reinen Komponentenhersteller zum Anbieter von Baugruppen weiterzuentwickeln und die zunehmende Nachfrage des Marktes nach Entwicklungsleistungen für gesamte Ventiltriebsysteme zeigt, daß der strategische Ansatz richtig gewählt ist.

Agenda

1) Warum soll ein Zulieferer kooperieren

2) Strategischer Ansatz
   - Voraussetzungen und
   - Möglichkeiten

3) Durchführung und Ergebnisse

4) Entwicklung zum Systemanbieter
   - Status und Ausblick

Markt: globaler Wettbewerb
globale Produkte
("World Car", "World Engine")
globale Produktion mit Zwang zu "Local Content"

Produkt: Zunehmende Systembildung:

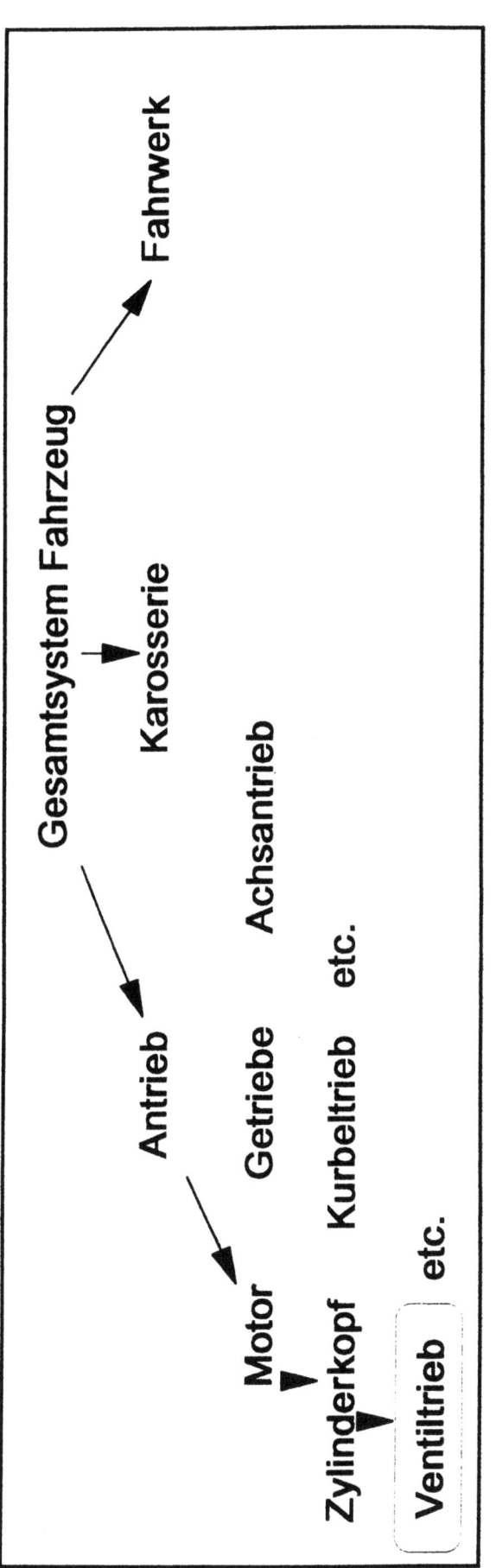

Mögliche Gründe für Kooperationen

Wettbewerbsfähigkeit

Preis
Qualität —— Liefertreue

ist selbstverständlich !

Differenzierung durch

- globale Präsenz (Produktion, Entwicklung)
- Systemfähigkeit (alternativ: konsequente Nischenstrategie)

Ziel-Erreichung aus eigener Kraft möglich ?

Anforderungen an Automobil-Zulieferer

Umsatz (1994): 260 Mio. DM

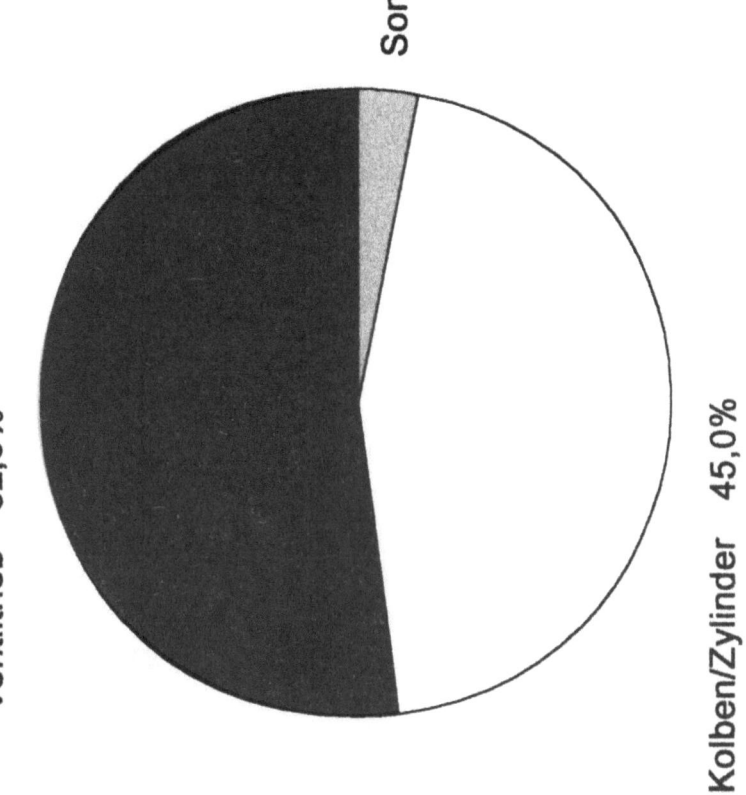

- Ventiltrieb 52,0%
- Sonstiges 3,0%
- Kolben/Zylinder 45,0%

Komponenten Ventiltrieb:	Komponenten Kolben/Zylinder:
- Nockenwellen - Kipp- und Schlepphebel - Ventilstößel - Stößelstangen Einstellschrauben etc.	- Zylinderbüchsen - Kolbenbolzen - Ringträger
bedingte Systemfähigkeit	Second-Tier im System "Kolben/Zylinder"

Voraussetzungen
Mahle - J. Wizemann GmbH

Umsatz (1994): 130 Mio. DM

Ventiltrieb 60,0%
Sonstiges 21,0%
Kolben/Zylinder 19,0%

Komponenten Ventiltrieb:	Komponenten Kolben/Zylinder:
- Ventilsitzringe - Ventilführungen	- Zylinderbüchsen
keine Systemfähigkeit	

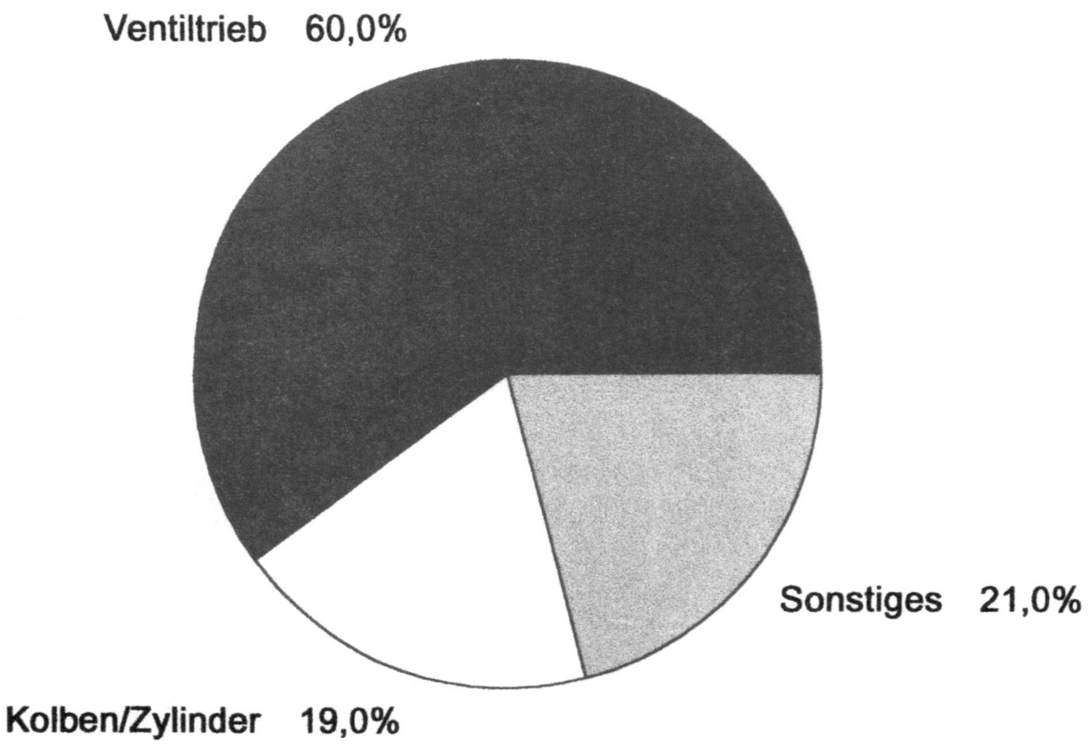

Voraussetzungen
Pleuco GmbH

Umsatz (1995) : 140 Mio. DM

Ventiltrieb   100%

Komponenten Ventiltrieb:
- Ventile
- Ventilführungen
- Ventilstößel
- Kipphebel
bedingte Systemfähigkeit

Voraussetzungen EuroVal GmbH

mwp

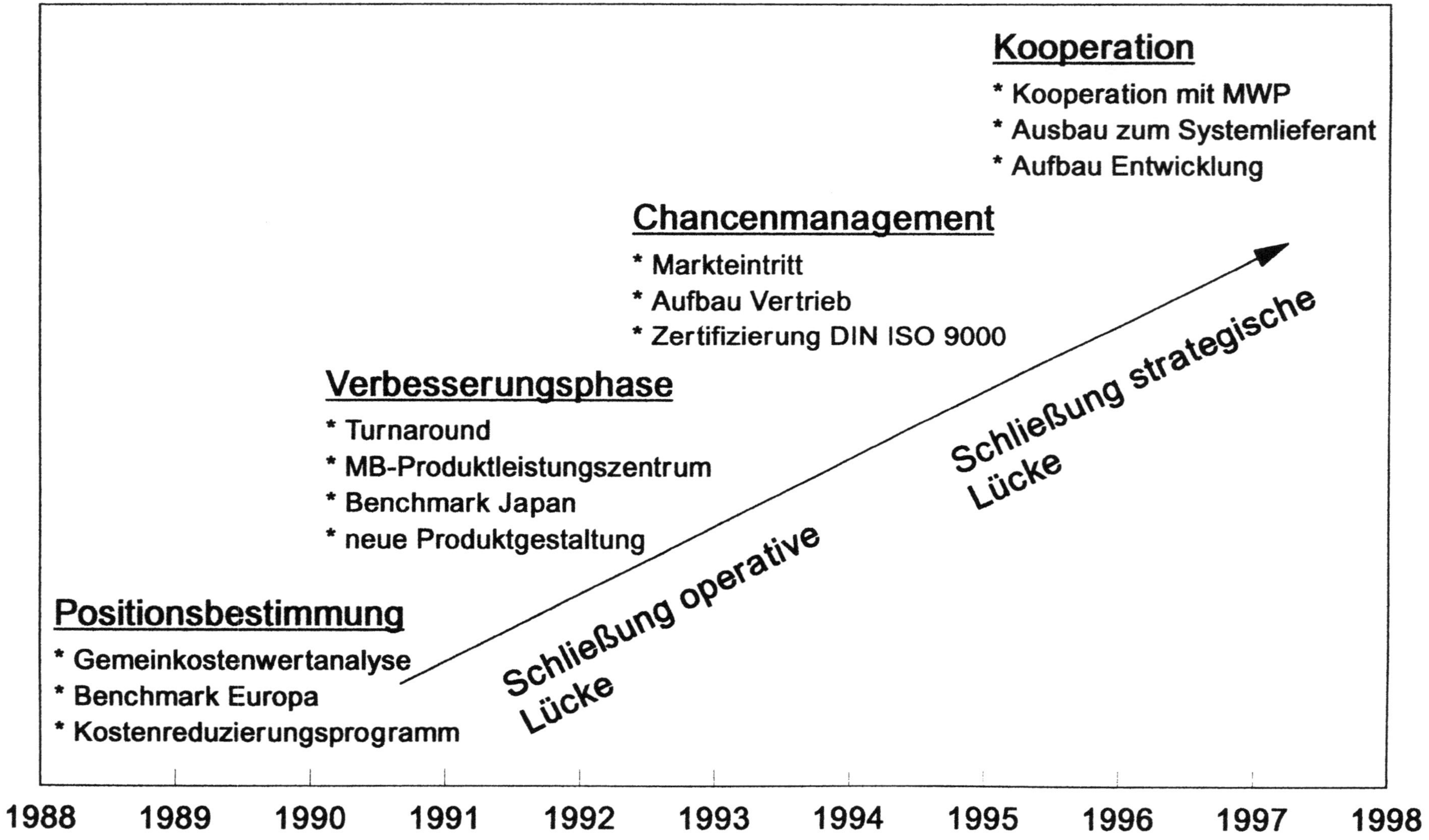

Entwicklung MB Werk
Bad Homburg

Positionsbestimmung
* Gemeinkostenwertanalyse
* Benchmark Europa
* Kostenreduzierungsprogramm

Verbesserungsphase
* Turnaround
* MB-Produktleistungszentrum
* Benchmark Japan
* neue Produktgestaltung

Chancenmanagement
* Markteintritt
* Aufbau Vertrieb
* Zertifizierung DIN ISO 9000

Kooperation
* Kooperation mit MWP
* Ausbau zum Systemlieferant
* Aufbau Entwicklung

Schließung operative Lücke
Schließung strategische Lücke

1988 1989 1990 1991 1992 1993 1994 1995 1996 1997 1998

System Ventiltrieb

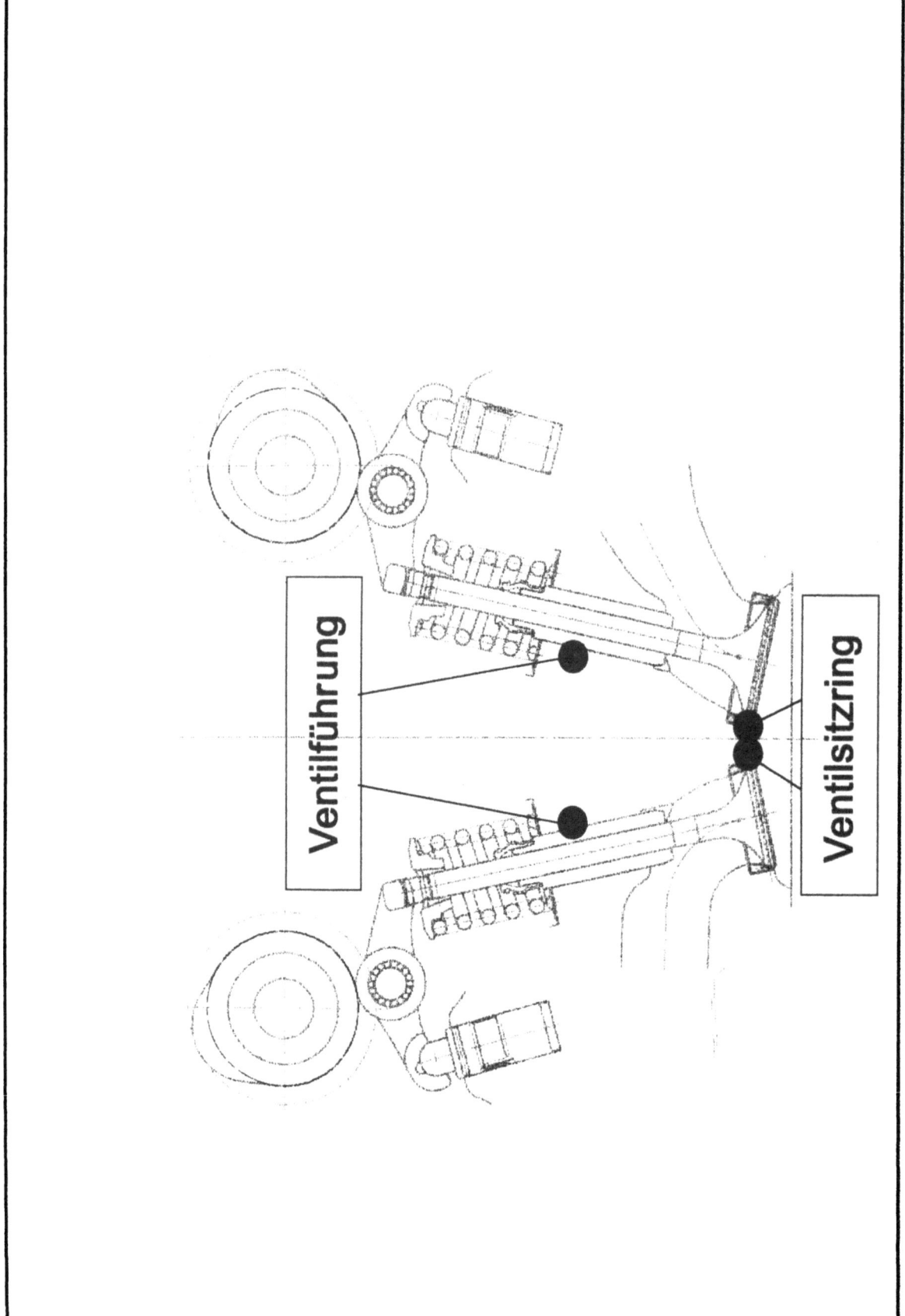

System Ventiltrieb

System Ventiltrieb

Ventil

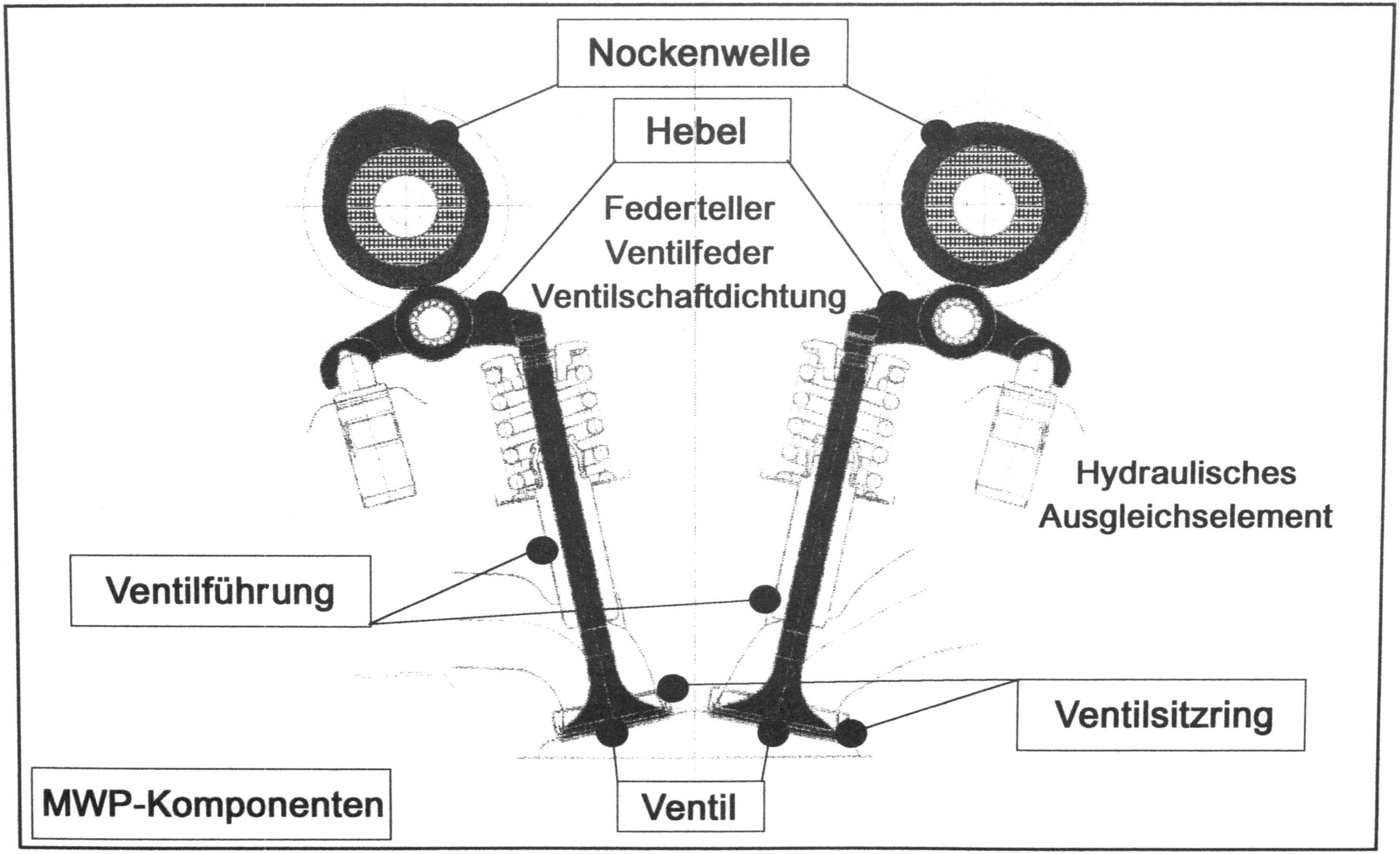

Gesamtsystem Ventiltrieb

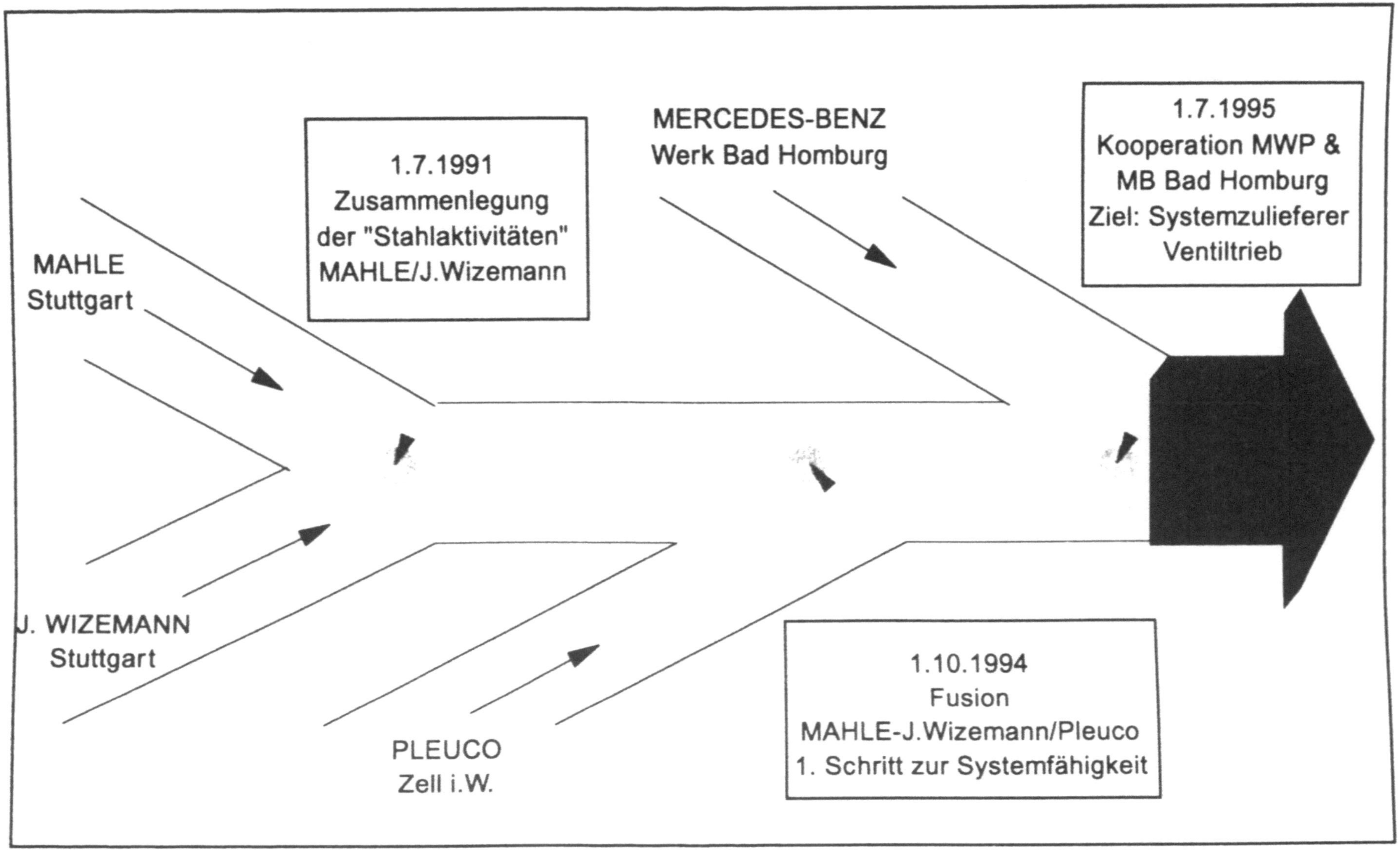

Chronologie der Kooperation

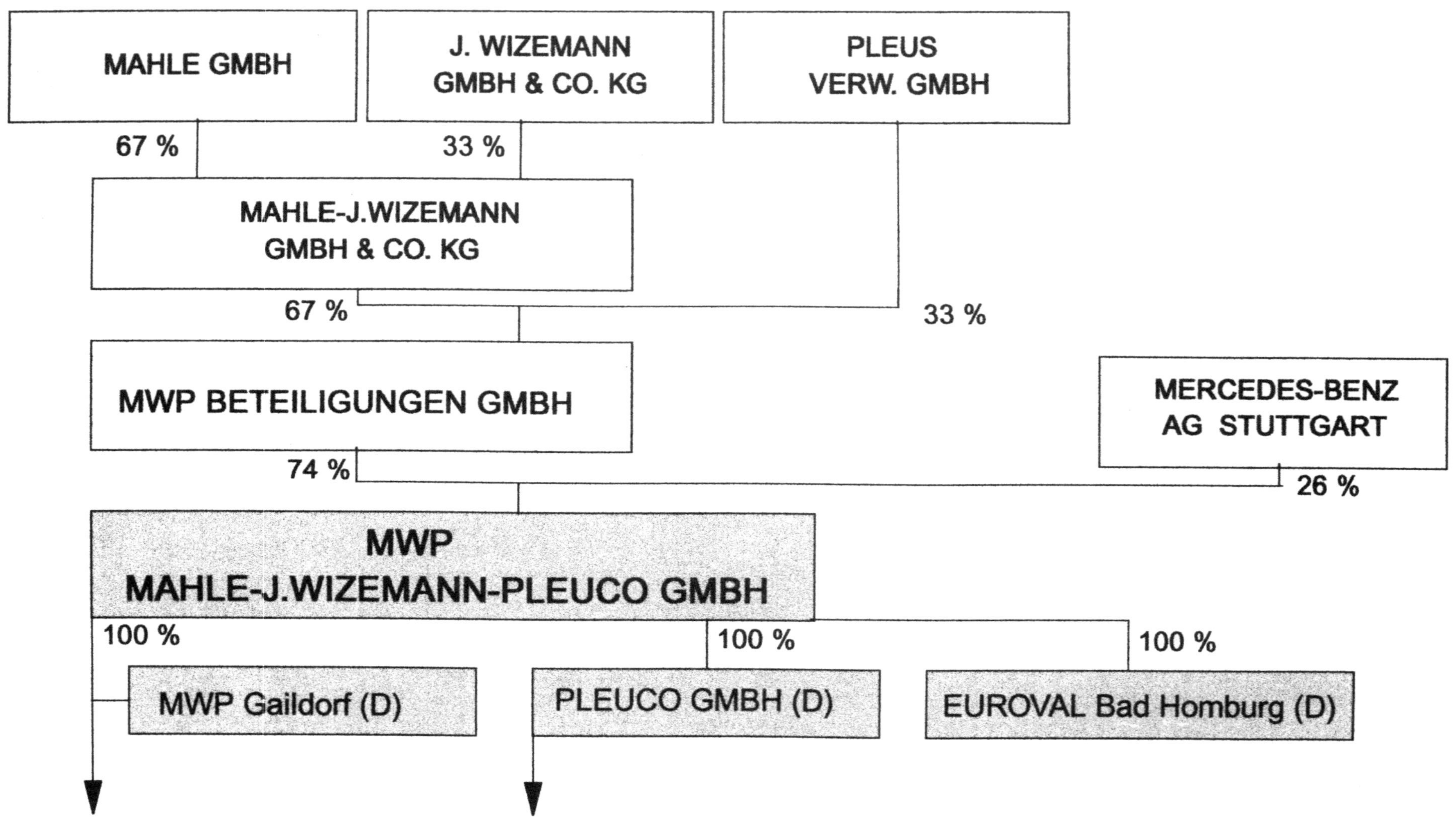

Kooperationsmodell Fusion:
Gesellschafterstruktur

```
MAHLE GMBH         J. WIZEMANN              PLEUS              MERCEDES-BENZ
                   GMBH & CO. KG            VERW. GMBH         AG STUTTGART
      67 %              33 %

        MAHLE-J.WIZEMANN
        GMBH & CO. KG
                 67 %                        33 %                    26 %

                  MWP BETEILIGUNGEN GMBH
                           74 %

                  MWP
                  MAHLE-J.WIZEMANN-PLEUCO GMBH

   100 %                  100 %                   100 %

   MWP Gaildorf (D)    PLEUCO GMBH (D)       EUROVAL Bad Homburg (D)
```

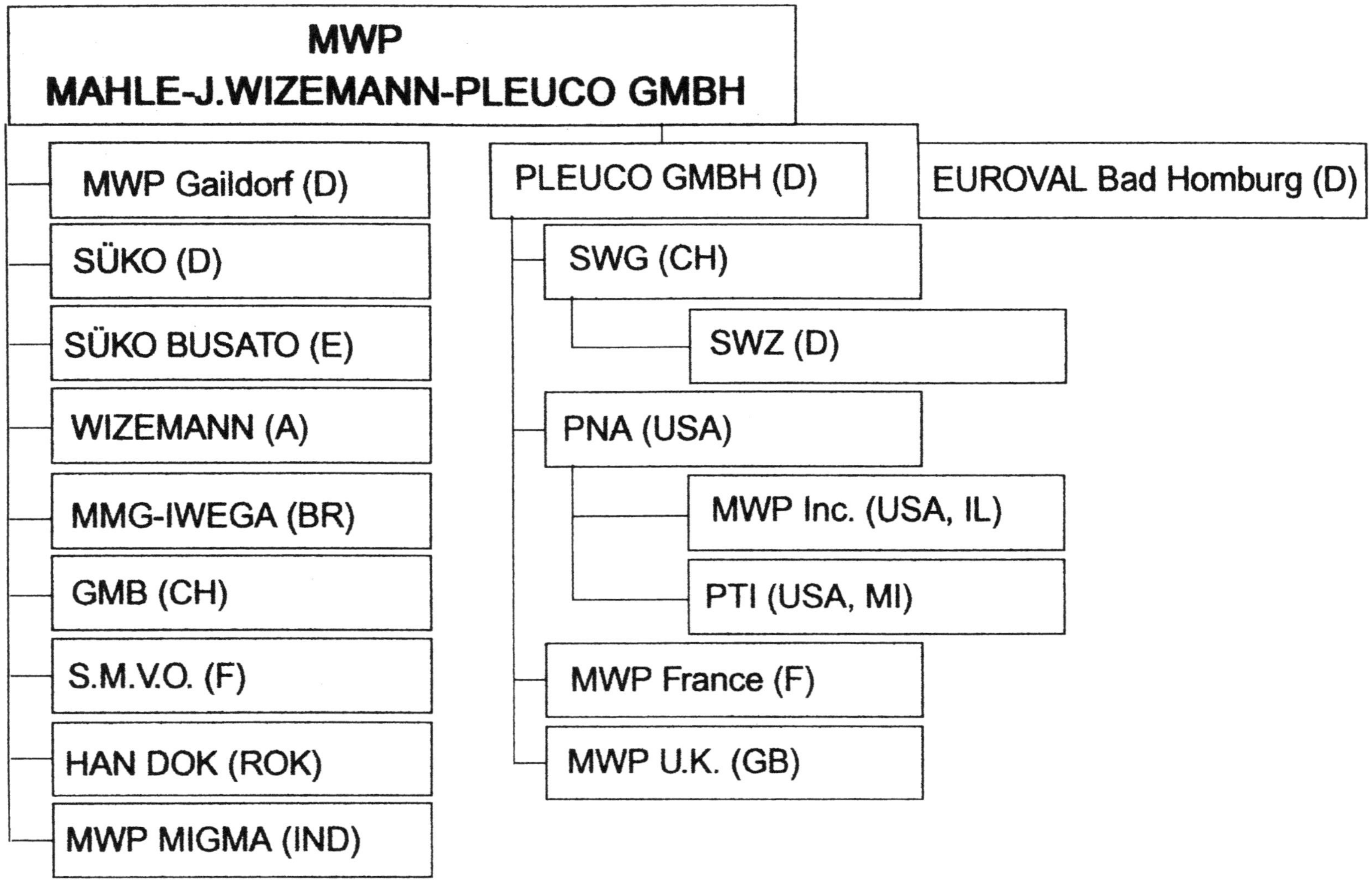

Struktur:
MWP GmbH und Tochtergesellschaften

MWP MAHLE-J.WIZEMANN-PLEUCO GMBH

- MWP Gaildorf (D)
- SÜKO (D)
- SÜKO BUSATO (E)
- WIZEMANN (A)
- MMG-IWEGA (BR)
- GMB (CH)
- S.M.V.O. (F)
- HAN DOK (ROK)
- MWP MIGMA (IND)

PLEUCO GMBH (D)
- EUROVAL Bad Homburg (D)
- SWG (CH)
  - SWZ (D)
- PNA (USA)
  - MWP Inc. (USA, IL)
  - PTI (USA, MI)
- MWP France (F)
- MWP U.K. (GB)

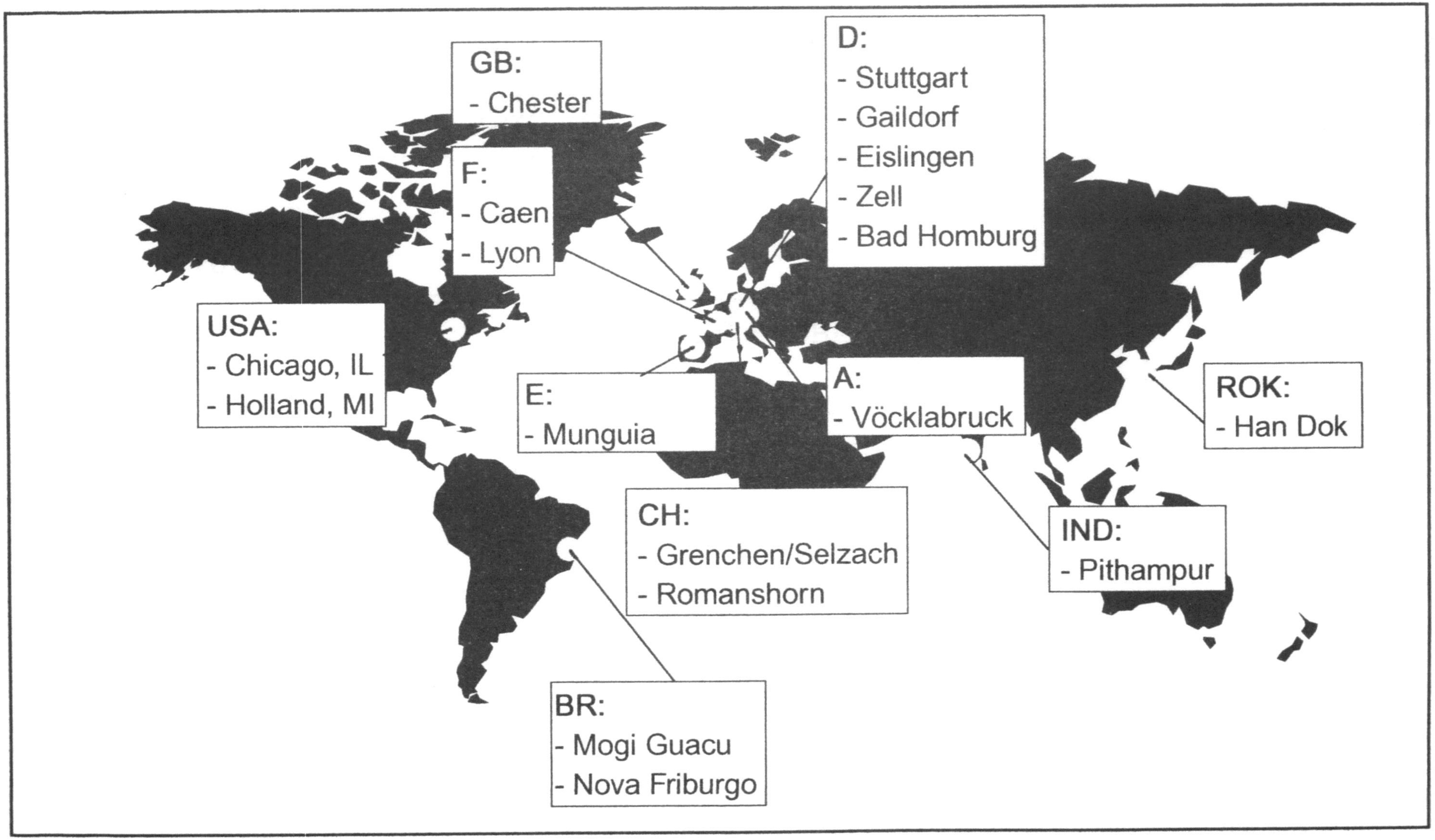

Globale Standorte

1. Produktorientierung

2. Bündelung von Know-How
   - Komponentenentwicklung
   - Fertigungsverfahren

3. Technologiezentren
   - kundennahe Komponenten- bzw. Systementwicklung
   - Großserienfertigung hoher Automatisierungsgrad Fertigungszellenkonzept

Produktionszentren
   - günstige Faktorkosten
   - Nutzung Fertigungszellenkonzept
   - "global competitiveness" im Verbund

Standort-Strategie:
Ziele

	Technologiezentren	Produktionszentren
Ventiltrieb		
- Systementwicklung	Deutschland	
- Nockenwellen	"	Brasilien/Indien
- Ventilstößel	"	"
- Hebel	"	"
- Ventil	"	USA
- Ventilsitzringe	"	"
- Ventilführungen	"	
Kolbenbolzen	Deutschland	Spanien
Zylinderlaufbüchsen/ Ringträger	Österreich	Brasilien/Korea
Sintertechnik	Schweiz	USA

Standort-Strategie:
Ausrichtung

Zentral:

* Finanzen
* Zentraleinkauf
* Personal (Richtlinienkompetenz)
* Vertrieb
* Zentrale Qualitätssicherung (Koordination)
* Systementwicklung und Erprobung
* Koordination Geschäftspolitik

Dezentral (Erfolgszentren):

* Planung/ Kalkulation/ Arbeitsvorbereitung
* Produktion
* Personal
* Einkauf
* Controlling
* Logistik/ Verkaufsabwicklung
* Qualitätssicherung
* Komponentenentwicklung

Außereuropäisch:

eigenständige Aktivitäten in Abstimmung mit Zentrale

"So zentral wie nötig, so dezentral wie möglich"

Organisationsstruktur

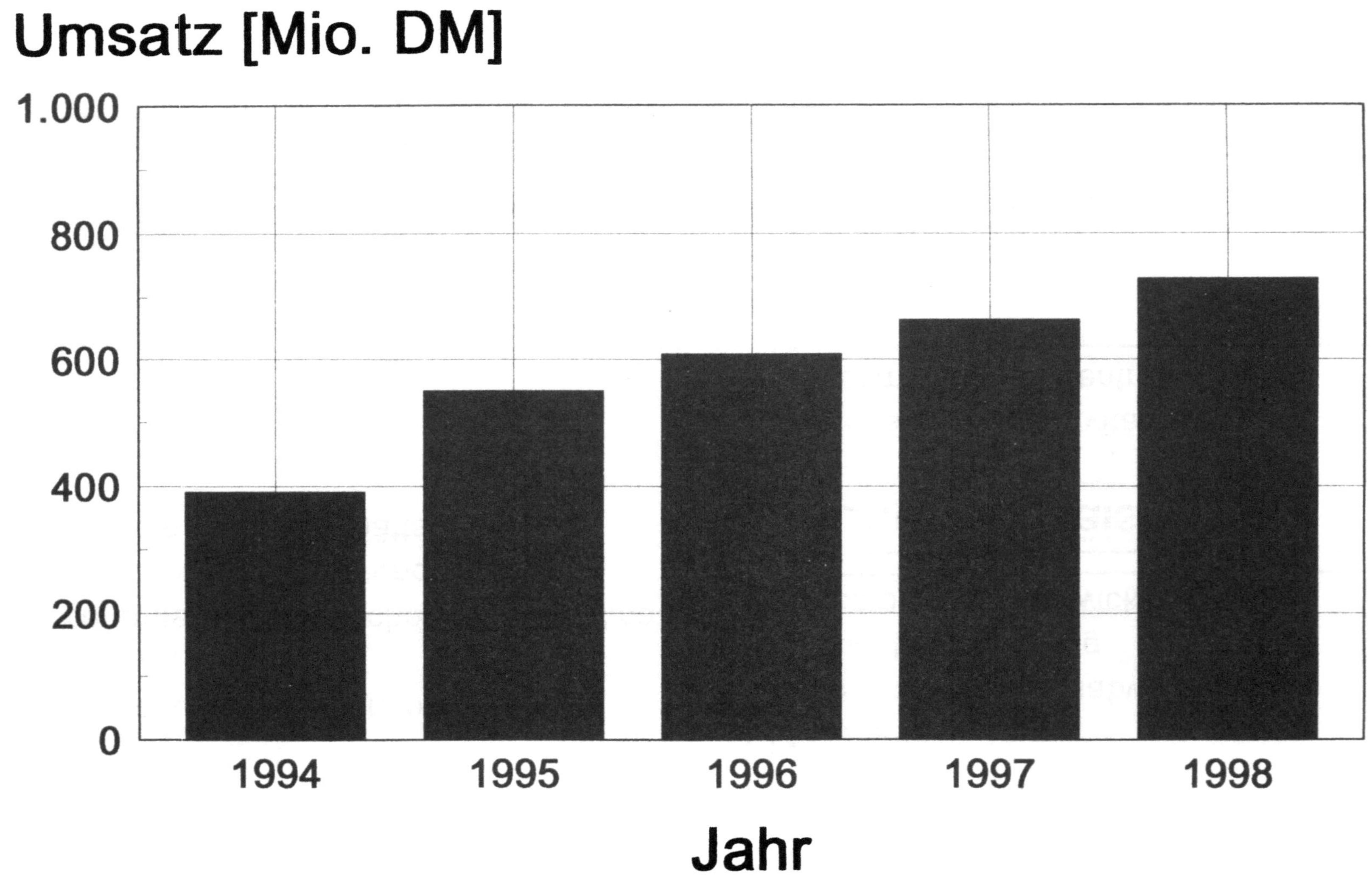

Umsatzentwicklung MWP-Gruppe
(gesamt)

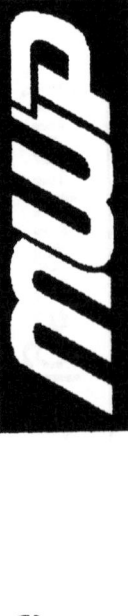

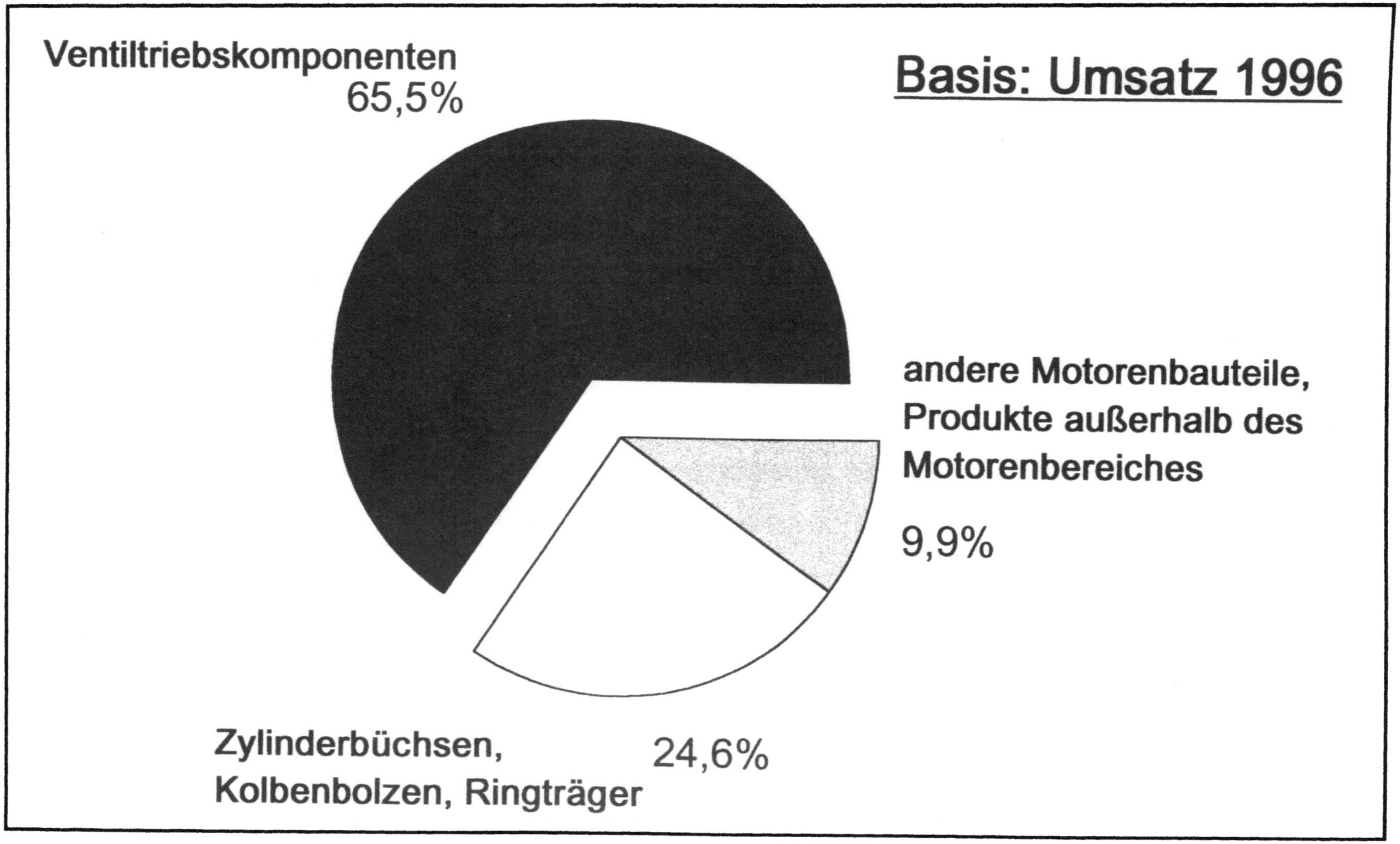

Basis: Umsatz 1996

- Ventiltriebskomponenten 65,5%
- andere Motorenbauteile, Produkte außerhalb des Motorenbereiches 9,9%
- Zylinderbüchsen, Kolbenbolzen, Ringträger 24,6%

Umsatzstruktur nach Produktgruppen

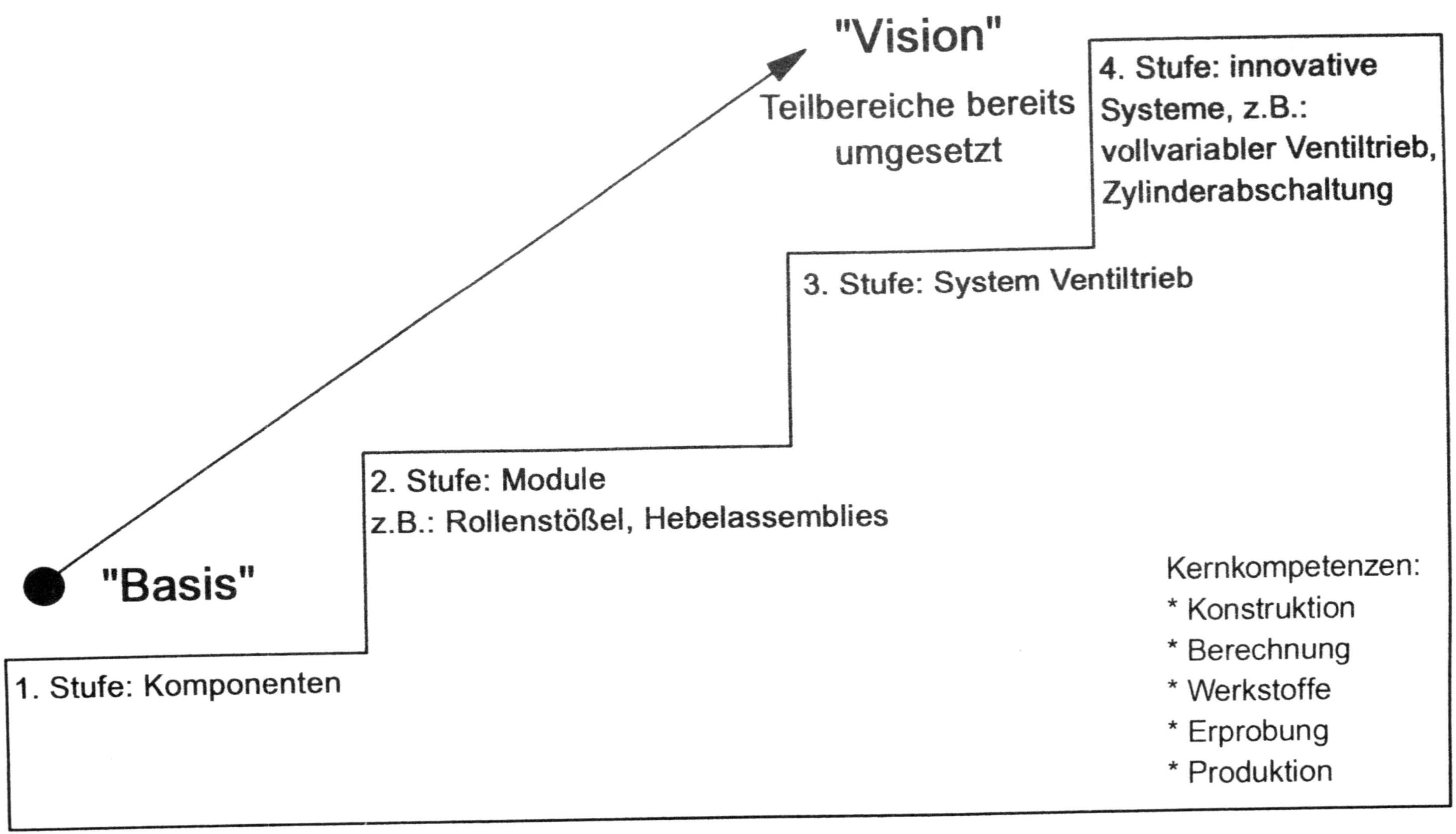

Entwicklung zum Systemanbieter

"Vision"
Teilbereiche bereits umgesetzt

4. Stufe: innovative Systeme, z.B.: vollvariabler Ventiltrieb, Zylinderabschaltung

3. Stufe: System Ventiltrieb

2. Stufe: Module
z.B.: Rollenstößel, Hebelassemblies

"Basis"

1. Stufe: Komponenten

Kernkompetenzen:
* Konstruktion
* Berechnung
* Werkstoffe
* Erprobung
* Produktion

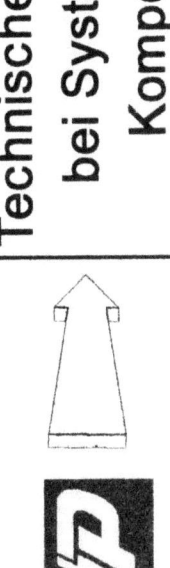
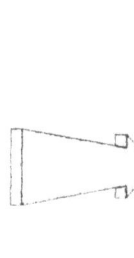

Erfolgsfaktoren der Kooperation (extern)

* das Produkt (System) muß stimmen und seinen Kunden finden

* die handelnden Menschen (Geschäftsführung und Mitarbeiter) müssen zueinander passen und einander vertrauen

* die Vision muß bei allen Partnern die gleiche sein

* Mut zu pragmatischer Vorgehensweise

* offene und rechtzeitige Kommunikation mit den Mitarbeitern

Erfolgsfaktoren der Kooperation
(intern)

Wenn Wachstum an Grenzen stößt – Herausforderung Südostasien

Benedikt Boucke

1 Abstract

Immer enger werdende Märkte mit weltweiter Konkurrenz und nahezu null Wachstumsraten für eingeführte Produkte im Heimatmarkt lassen zur Erhaltung der Wettbewerbsfähigkeit nur den Raum für drei simultan anwendbare und dauerhafte Strategien:

1. Beständige Entwicklung und Markteinführung von Innovationen

2. Bildung von wandelbaren Produktionsnetzwerken mit dem Ziel weltweiter Marktpräsenz und der kostenoptimalen Produktion hochqualitativer Produkte

3. Produktion in ausländischen Märkten unter Nutzung der sich dort bietenden Chancen, aber auch unter Beachtung der geltenden Restriktionen (mangelndes Know-how, billige Arbeitskräfte, Wachstumspotentiale, hohe Local-Content-Forderungen, investitionsfreundliches und stabiles Wirtschaftssystem etc.)

Beispiele und Methoden zur Verwirklichung der erst- und zweitgenannten Strategie wurden bereits in den vorangegangenen Beiträgen gegeben. In dem vorliegenden Vortrag sollen die Chancen und Risiken einer Globalisierungsstrategie für den südostasiatischen Raum am Beispiel Südostasien und hier speziell Malaysia aufgezeigt werden.

2 Ausgangssituation

Ende der 70er Jahre wurden die westlichen Industrienationen durch die unerwarteten Erfolge des ehemals technologischen Entwicklungslandes Japan um die Erfahrung bereichert, daß auch anderswo auf der Welt konkurrenzfähige Produkte hergestellt werden können. Im Verlauf der hinlänglich bekannten Entwicklungsgeschichte Japans zu einer der weltweit führenden Industriemächte mußten die restlichen Industrienationen lernen wie schnell und nachhaltig der sicher geglaubte Technologievorsprung schmelzen und sogar in einen Rückstand umgewandelt werden kann. Heute, um diese Erfahrung reicher geworden, ist allen Beteiligten klar, daß außer dem Unsicheren nichts wirklich sicher ist. Auf der anderen Seite beruhigt die Tatsache, daß auch Japans bisherige Kontinuität enorme Wachstumsraten zu realisieren vorbei ist, und daß Rezession in Japan kein Fremdwort mehr ist. Diese Entwicklung darf aber nicht als Anlaß zur Euphorie Mißverstanden werden, denn schon stehen die nächsten Boomländer aus Asien (4 kleine Tiger, ASEAN-Staaten etc.) in den Startlöchern bzw. haben sie bereits verlassen und stellen eine mächtige Konkurrenz für alle übrigen Industrienationen dar. In dem selben Licht muß auch die Chance auf sich gerade ergebenden Wachstumsmärkten in Asien (China, Indien etc.) gesehen werden: Genau die o. g. Boomländer richten sich bereits darauf ein die gerade entstehenden Märkte zu erobern. Dabei haben sie nicht nur das Billig-Produkt-Segment im Visier sondern sind auch in der Lage Hochtechnologieprodukte zu produzieren und preisgünstig anzubieten (Malaysia z. B. ist der weltweit größte Produzent von Halbleitern).

Zusammenfassend läßt sich damit die Marktsituation aus deutscher Sicht folgendermaßen grob beschreiben:

- In den heimischen und den daran angrenzenden Märkten herrscht für eingeführte Produkte nicht Wachstum sondern der Kampf um Marktanteile vor.

- Die verbliebenen Wachstumsmärkte sind nicht nur räumlich sondern auch kulturell und politisch sehr weit entfernt und damit schwer zu erschließen.

- Noch aufstrebende aber bereits mächtige Konkurrenten mit meist signifikanten Standortvorteilen und intimen Insiderwissen drängen in diese Wachstumsmärkte vor.

3 Herausforderung Südostasien

Aufgrund der beschriebenen Ausgangssituation müssen sich deutsche Unternehmen die Frage stellen, wie unter den gegebenen Bedingungen der langfristige, und damit auch internationale Erfolg gesichert werden kann. Die Antwort auf diese Frage scheint theoretisch betrachtet relativ einfach zu sein und wurde deshalb auch schon vielfach gegeben: Die Produktion in Deutschland muß sich durch die Einführung neuer Produkte neue Wachstumsmärkte eröffnen. Dazu müssen die bestehenden Standortvorteile wie hervorragende Infrastruktur, hoch qualifiziertes Personal, hohes Ausbildungsniveau usw. konsequent genutzt werden. Bereits eingeführte Produkte und dort vor allem die hoch technologischen und damit schwer kopierbaren Produkte müssen auf dafür noch bestehenden, internationalen Wachstumsmärkten angeboten werden. Der dabei erzielte Profit muß dann direkt in die Entwicklung und Produktion der nächsten Innovationen investiert werden.

Für internationales Engagement existieren prinzipiell drei Strategien:

1. Die heimische Produktion mit direktem Vertrieb ins Ausland

2. Der Vertrieb im Ausland unter Nutzung von lokalen Verkaufsbüros bzw. Partnern

3. Produktion und Vertrieb im Ausland

Die Nutzung fremder Märkte vom heimische Standort aus birgt den Vorteil, daß hier nur geringe Investitionen nötig werden und damit auch nur ein geringes Risiko eingegangen werden muß. Dem steht gegenüber, daß auf diese Weise weder Vorteile fremder Standorte genutzt werden, noch marktspezifische Kundenwünsche bzw. sich abzeichnende Trends schnell aufgegriffen werden können. Darüber hinaus können kurze Lieferzeiten nur über große Lager realisiert werden, was einerseits zu erhöhten Kosten und andererseits zu Marktnachteilen über die gleichzeitig verlängerten Reaktionszeiten führt. Zusätzlich müssen in vielen Ländern hohe Einfuhrzölle in Kauf genommen werden.

Ganz ähnlich sind die Verhältnisse bei der zweiten Strategie zu beurteilen. Allerdings können hier die genannten Nachteile durch größere Marktnähe etwas kompensiert werden, was aber auf der anderen Seite zu höheren Investitionen führt.

Es soll keinesfalls der Eindruck entstehen, daß von den beiden erstgenannten Strategien prinzipiell abzuraten ist. Im Gegenteil: Es ist hinlänglich bekannt, daß sie für viele Unternehmen im Moment und mindestens auch in der näheren Zukunft ausgezeichnet funktionieren. Dabei ist allerdings zu bedenken, daß dies i. d. R. nur dann der Fall ist, wenn die betroffenen Unternehmen einen so großen Kompetenzvorsprung besitzen, daß die Leistung nur über sie bezogen werden kann, oder aber, daß sich eine Produktion am Standort wegen nicht realisierbaren Scale-Effekten nicht lohnt. Da aber Technologievorsprünge wie die Vergangenheit gezeigt hat oftmals schnell aufholbar sind und wirtschaftliche Losgrößen aufgrund von technologischen Entwicklungen immer kleiner werden, bieten beide Strategien langfristig gesehen eher weniger Potentiale.

Betrachtet man nun die zuletzt erwähnte Strategie, so stellt sich die Frage, auf welche Weise und warum hier langfristige Erfolge erzielbar sind. Um diese Fragen beantworten zu können soll im folgenden versucht werden, am Beispiel des ASEAN-Mitgliedstaates Malaysia die Chancen aber auch die Risiken einer Produktions(teil)verlagerung nach Südostasien zu beleuchten.

Malaysia ist eines der aufstrebenden Länder Südostasiens und hat es verstanden in den letzten Jahren kontinuierliche Wachstumsraten von ca. 6,9% mit steigender Tendenz (1995: 9,2%) zu erzielen. Darüber hinaus ist es Malaysia gelungen, den sozialen Standard beständig zu erhöhen und gleichzeitig die Währung stabil zu halten. In diesem Zusammenhang wurde in Malaysia das Ziel gesetzt im Jahre 2020 den Standard einer prosperierenden Industrienation erreicht zu haben. Im Moment gibt es keinerlei Anzeichen dafür, daß diese Zielvorstellung überhöht oder unrealistisch ist. Denn spätestens im Jahre 2003 sollen sämtliche Zollschranken beseitigt und damit eine international konkurrenzfähige Industrielandschaft geschaffen sein. Auf dem Weg dorthin werden im Moment sämtliche als zukunftsträchtig geltende Industriezweige (Automobilherstellung, Medizintechnik, Elektronik,

Gentechnik, Umwelttechnik etc.) massiv gefördert. Dabei werden ganz speziell auch ausländische Know-how-Träger ermutigt und bei Investitionsvorhaben unterstützt. Daraus ergibt sich für deutsche Unternehmen die Chance nicht nur am Wachstum teilzunehmen, sondern aus ihm zu lernen. Der Abfluß von Know-how, welcher mit oder ohne eigene Beteiligung geschieht, kann so selbst gesteuert werden. Gerade dieser Punkt gewinnt auch deshalb an Bedeutung, weil Malaysia sich in vielen Bereichen auf dem Scheideweg zwischen einer technologischen Orientierung in Richtung Europa oder in Richtung Japan befindet. Im Moment allerdings scheinen die Aussichten für europäische Unternehmen als günstiger: Die ersten Bemühungen Malaysia in eine moderne Industrienation umzuwandeln, wurden vor allem durch japanische Unternehmen unterstützt. Mittlerweile mußten Malaysia aber feststellen, daß die japanischen Unternehmen kaum ein Interesse an einem Technologietransfer gezeigt haben. Aus diesem Grund ist die malaiische Industrie und Regierung in besonderem Maße an solchen europäischen Partnern interessiert, die bereit sind durch die Produktion vor Ort einen Know-how-Transfer zu ermöglichen.

Naturgemäß birgt eine (Teil-)Verlagerung der Produktion vor allem in das entfernte Ausland eine Menge von nur schwer abschätzbaren Risiken, die zudem mit hohen Investitionen verbunden sind. Sehr viele erfolgreiche Beispiele von Unternehmensverlagerungen haben aber gezeigt, daß aus verständlichen Gründen der Unerfahrenheit und Unkenntnis über die spezielle Situation vor Ort diese Risiken häufig überbewertet werden. Dies bedeutet aber selbstverständlich nicht, daß ein solches Vorhaben nicht strategisch durchdacht und exzellent vorbereitet sein muß. Aber es bedeutet auf jeden Fall, daß die Nutzung der bestehenden Chancen gerade in Südostasien eine sehr einstzunehmende Möglichkeit darstellen, den langfristigen Unternehmenserfolg zu sichern.

Strategien zur Erhaltung der Wettbewerbsfähigkeit

Simultan anwendbare und dauerhafte Strategien

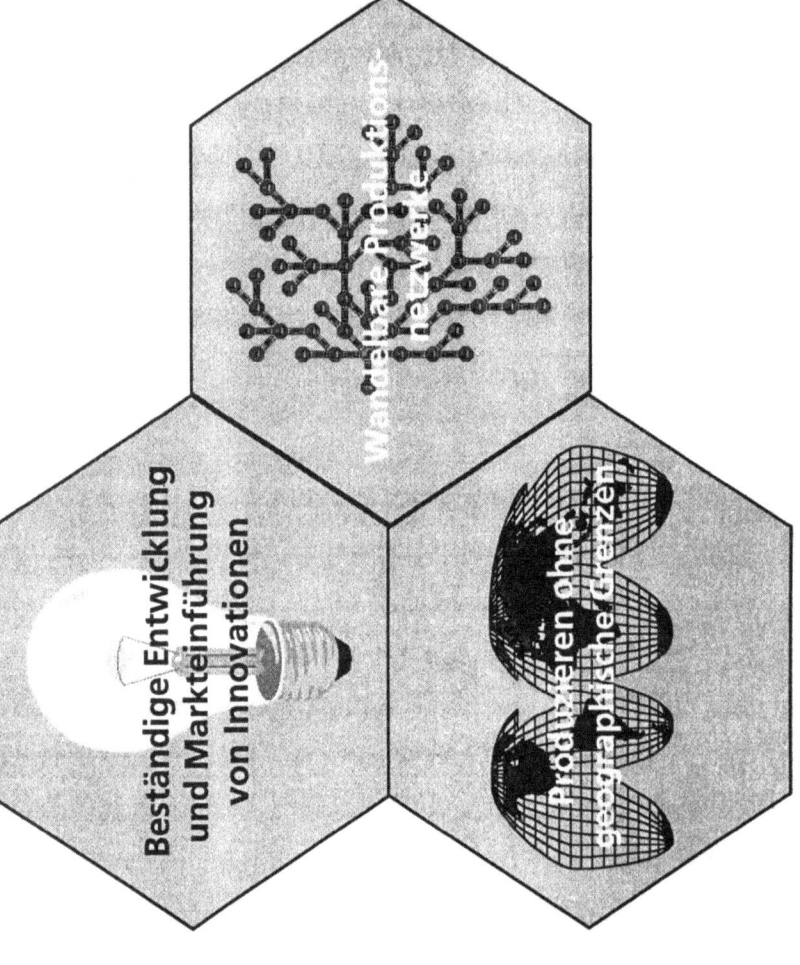

- Wandelbare Produktionsnetzwerke
- Beständige Entwicklung und Markteinführung von Innovationen
- Produzieren ohne geographische Grenzen

Fraunhofer Institut
Produktionstechnik und Automatisierung

Chance zur Sicherung des langfristigen Erfolges

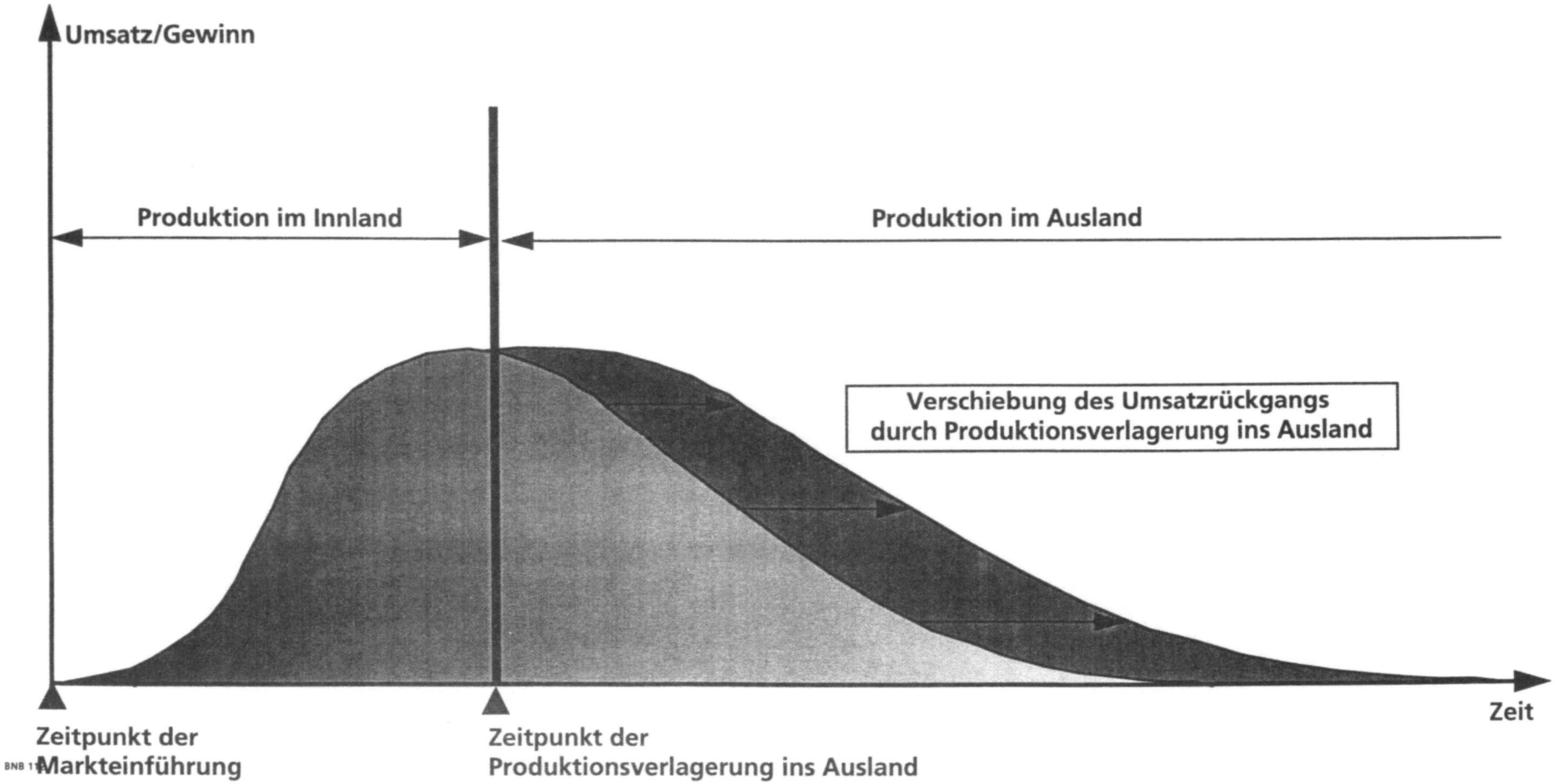

Umsatz/Gewinn

Produktion im Innland

Produktion im Ausland

Verschiebung des Umsatzrückgangs durch Produktionsverlagerung ins Ausland

Zeitpunkt der Markteinführung

Zeitpunkt der Produktionsverlagerung ins Ausland

Zeit

Fraunhofer Institut Produktionstechnik und Automatisierung

4. Stuttgarter Innovationsforum

Strategien des internationalen Engagements

- Heimische Produktion mit direktem Vertrieb
- Vertrieb im Ausland unter Nutzung von lokalen Verkaufsbüros bzw. Partnern
- Produktion und Vertrieb im Ausland

Fraunhofer Institut
Produktionstechnik und
Automatisierung

Markterschließung Asien

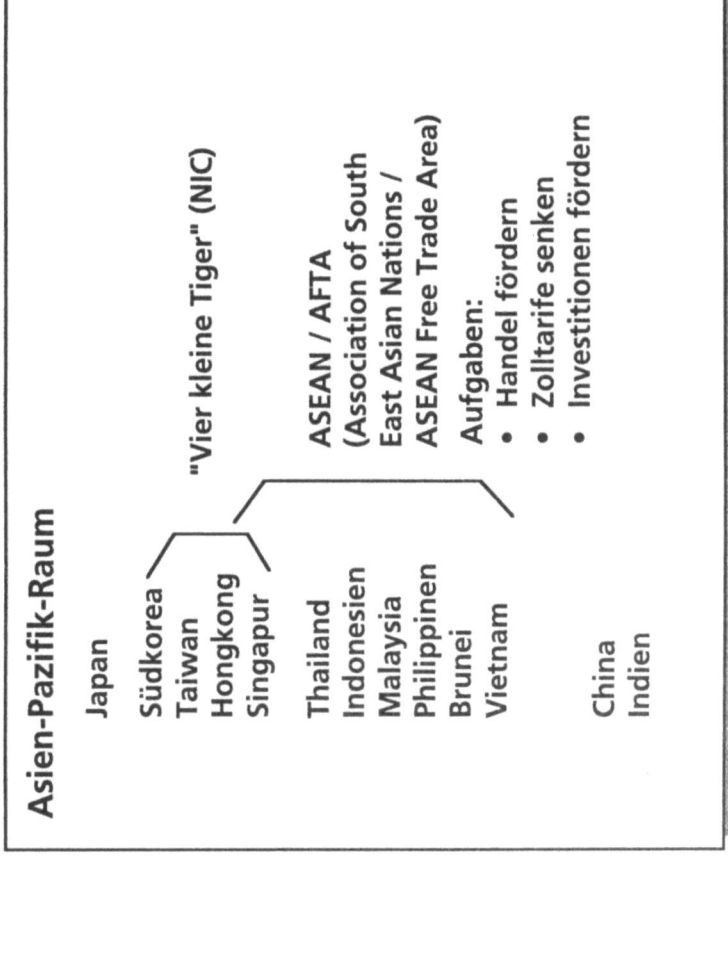

Asien-Pazifik-Raum

Japan

Südkorea
Taiwan
Hongkong
Singapur — "Vier kleine Tiger" (NIC)

Thailand
Indonesien
Malaysia
Philippinen
Brunei
Vietnam — ASEAN / AFTA
(Association of South
East Asian Nations /
ASEAN Free Trade Area)

Aufgaben:
- Handel fördern
- Zolltarife senken
- Investitionen fördern

China
Indien

Wirtschaftsindikatoren der Staaten Asiens im Vergleich

Bezogen auf Jahr 1995

	Bevölkerung (Mio.)	BSP (Mrd. US-$)	BSP je Einwohner (US-$)	Wachstumsrate des BIP gegenüber Vorjahr (%)	Veränderung der industriellen Fertigung gegenüber Vorjahr (%)
China	1.200,0	401,4	307	+11,2	+18,7
Hong Kong	6,1	114,7	18.580	+5,5	+0,5
Indonesien	193,3	152,2	753	+6,8	+12,5
Japan	125,3	4.276,1	34.148	-3,4	+7,2
Malaysia	20,1	66,3	3242	+9,2	+12,0
Singapore	3,1	54,1	17.850	+8,3	+12,0
Süd Korea	44,7	356,0	7.502	+9,3	+8,9
Taiwan	21,2	230,1	10.309	+7,0	+11,2
Thailand	60,2	133,2	2105	+8,4	+9,7
Deutschland	81,6	2.071,2	25.533	+1,9	+4,0

Quelle: Ho Nai Choon, Singapur / iwd 95

Fraunhofer Institut
Produktionstechnik und
Automatisierung

4. Stuttgarter Innovationsforum

Vergleich der Betriebskosten im ostasiatischen Raum

	Gesamtsteuer-belastung (%)	Arbeitskosten (US-Dollar/Stunde)	Grundstückskosten (US-Dollar/m²/Jahr)
China	33	0,54	ohne Nennung
Indonesien	30	0,28	42
Malaysia	30	3,80	97
Singapur	27	5,21	220
Thailand	30	0,71	71
Deutschland	62	30,8	o.N.

Quelle: Ho Nai Choon, Singapur / iwd 95

Fraunhofer Institut Produktionstechnik und Automatisierung

4. Stuttgarter Innovationsforum

Südostasien - boomender Wirtschaftsraum

Beispiel - Malaysia

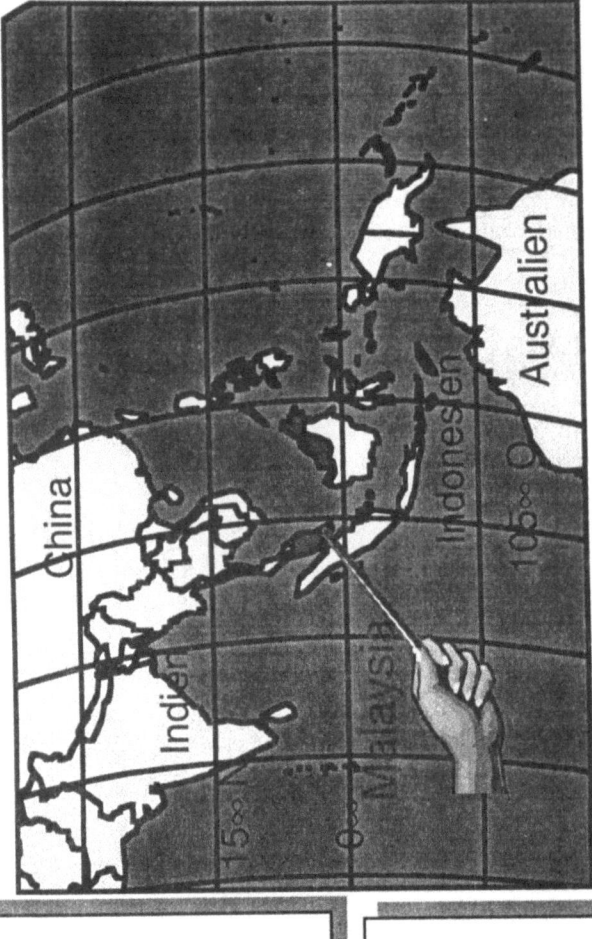

Statistisches Profil (1995):

- Reales BIP (Veränderung in %) +9,2
- Arbeitslosenrate (%) 2,5
- Inflationsrate (%) 3,4
- Exporte (Mrd. US-$) 73,45
- Importe (Mrd. US-$) 77,46
- Deutsche Importe aus M. (Mrd. DM) 4,44
- Deutsche Exporte nach M. (Mrd. DM) 4,38
- Löhne (Brutto in DM/Monat) Arbeiter 500
  Ingenieur 1200
- Kaufkraft (Mio. US-$) 8763

Geo- und Demoskopisches Profil (1995):

- Hauptstadt Kuala Lumpur
- Landesfläche (km^2) 329,76
- Einwohner (Mio.) 20
- Bevölkerungsstruktur (%) Malaien 52
  Chinesen 32
  Inder 8
- Bevölkerungswachstum (% p.a.) +3,0

Ausgewählte Wirtschaftsdaten Malaysias

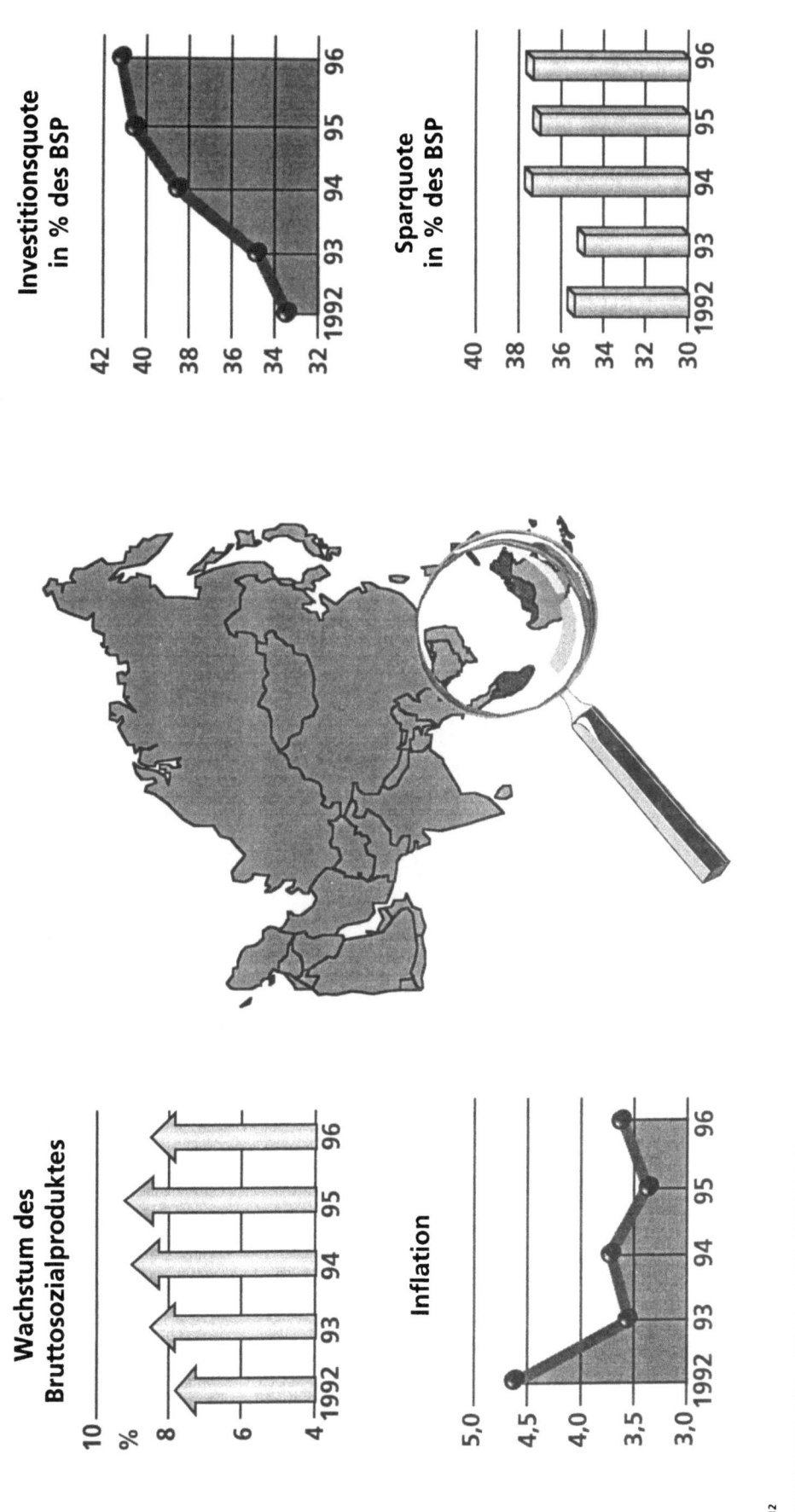

Entwicklung der verarbeitenden Industrie Malaysias

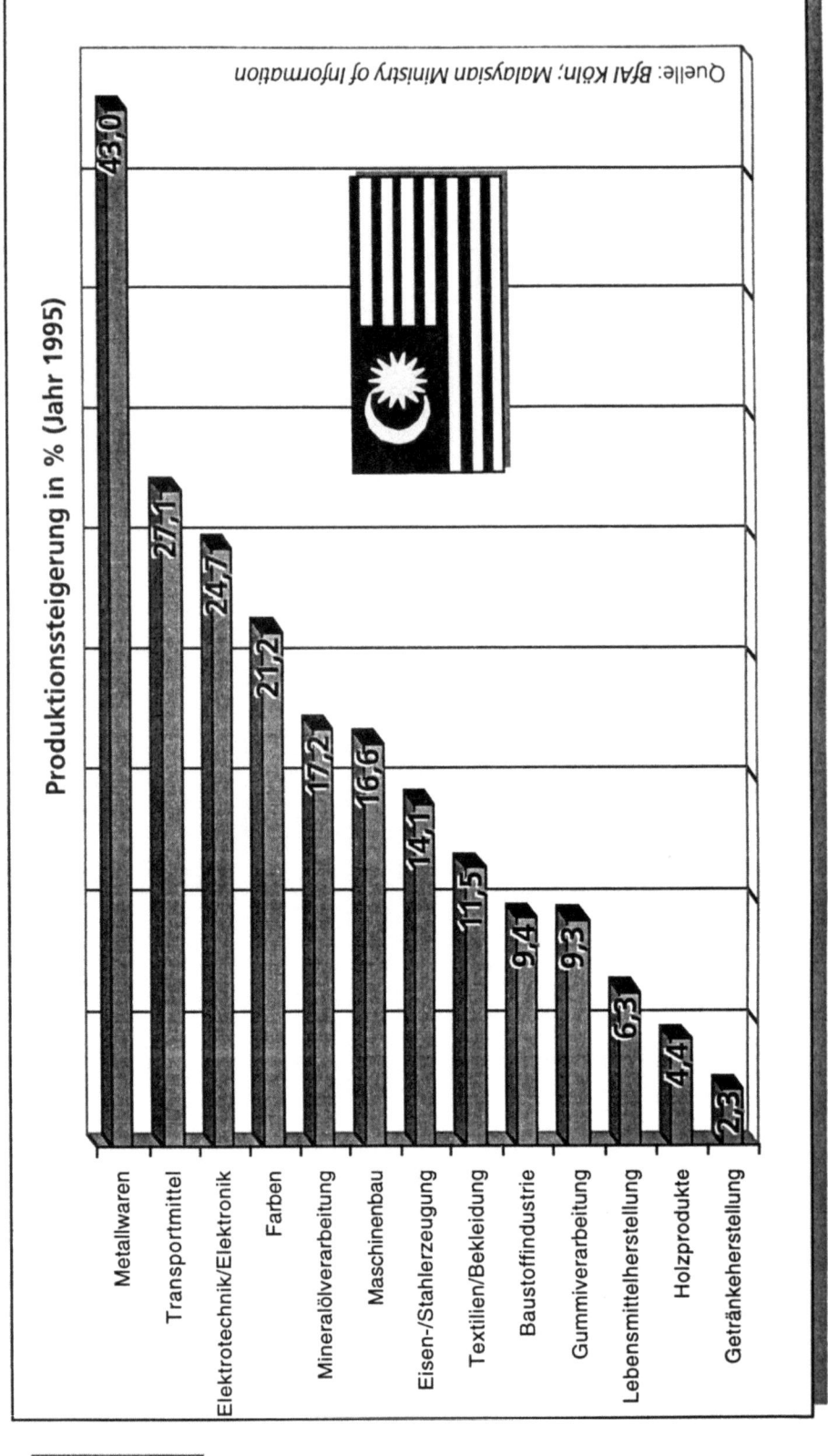

Gemittelte Produktionssteigerung: 12 %

Die malaysische Automobilbranche

Branchenprofil (1995):
- Einfuhrbeschränkungen und Zölle schaffen für die Hersteller von PKW eine Marktführerschaft im Inland
- Technologische Abhängigkeit vor allem von Japan
- F+E Know-How zur Produktentwicklung ist nur begrenzt vorhanden
- Wachsende Produktpalette
- Zahlreiche Kooperatiosangebote von ausländischen Partnern
- Stärkster Wachstumsmarkt der Branche mit über 40% jährlich (Im selben Zeitraum in Deutschland 0,5%)
- Bei importierten Fahrzeugen muß je nach Hubraum ein bestimmter "local content" eingehalten werden

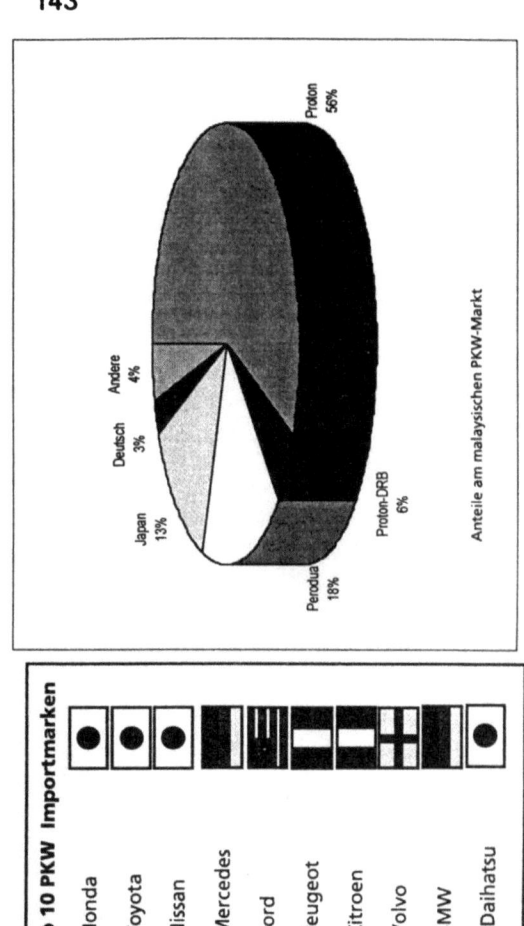

15 meistverkaufte PKW 1995

1. Proton Wira	33.7%
2. Proton Saga	21.4%
3. Perodua Kancil	17.1%
4. Proton Satria	72.2%
5. Toyota Corolla	
6. Honda Civic	
7. Honda Accord	
8. Proton Perdana	
9. Toyota Camry	
10. Nissan Sunny	
11. Nissan AD Resort	
12. Ford Laser Lynx	
13. Nissan Sentra	
14. Peugeot 405	
15. Mercedes E-Class	

Top 10 PKW Importmarken
1. Honda
2. Toyota
3. Nissan
4. Mercedes
5. Ford
6. Peugeot
7. Citroen
8. Volvo
9. BMW
10. Daihatsu

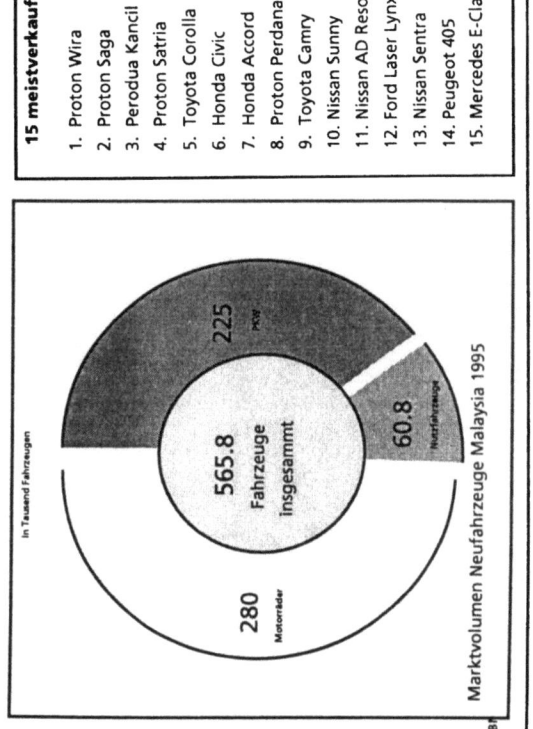

Marktvolumen Neufahrzeuge Malaysia 1995

4. Stuttgarter Innovationsforum

Fraunhofer Institut
Produktionstechnik und
Automatisierung

Zukünftige Situation der Automobilbranche Malaysias

Branchen Profil:

- 01.01.2003: Verwirklichung des AFTA Abkommens. Wegfall von Zollschranken innerhalb ASEAN (max 5% Einfuhrzölle)
- Mitgliedschaft in WTO fordert Senkung der Zölle und Einfuhrbeschränkungen gegenüber nicht Nicht-ASEAN Staaten
- Exportorientierte Produktion statt absatzgesteuerter Produktion
- Eigene Produktentwicklung und nicht mehr in Lizenz
- Starker internationaler Wettbewerb auf dem innländischen Markt
- Komponentenfertigung ist in umliegenden Ländern preiswerter
- Notwendigkeit des Aufbaus von Zulieferketten

Vergleich Verkauf/Produktion von PKW in 1000 Einheiten

Marktvolumen 2000: 4.21 Mio
Produktionsvolumen: 10.5 Mio ohne Taiwan und Philippinen

- Marktvolumen 2000
- Produktionsvol. 2000
- Überschuss in %

Land	Marktvolumen	Produktionsvol.	Überschuss
Taiwan	530		?%
Süd Korea	1350	5000	73%
China	1075	3000	64%
Philippinen	79	?	?%
Thailand	350	1000	65%
Indien	432	1500	71.2%
Malaysia	350	650	46%
Indonesien	120	500	76%

ASEAN = Association of South East Asian Nations
AFTA = ASEAN Free Trade Area

Fraunhofer Institut Produktionstechnik und Automatisierung

Proton - Beispiel für einen malaysischen Automobilhersteller

Unternehmensprofil (1996):

- Gründung 1983, Produktionsbeginn 1985
- 4000 Beschäftigte
- Kapazitätsvolumen des Werkes in Shah Alam (Mai 96) 180 000 Fahrzeuge
- Hauptanteilseigner: HICOM (27,5%); Khazanah (17,5%); Mitsubishi (17,1%)
- Weitere Werke in Vietnam (Vina Star Motors), Philippinen (PPC)
- Geplante Kapazitätserweiterung 1997: 230 000; 1998: 380 000; 2000: 530 000 Einheiten
- Anteil am lokalen PKW-Markt 62,5 %
- Exportanteil zur Zeit 12%; geplant 30%

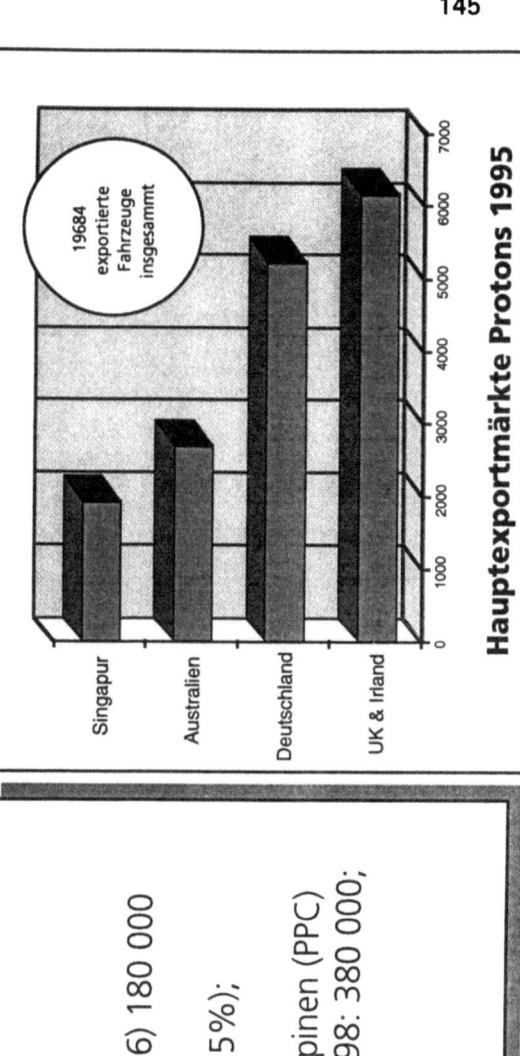

Hauptexportmärkte Protons 1995

19684 exportierte Fahrzeuge insgesammt

Produktpalette:

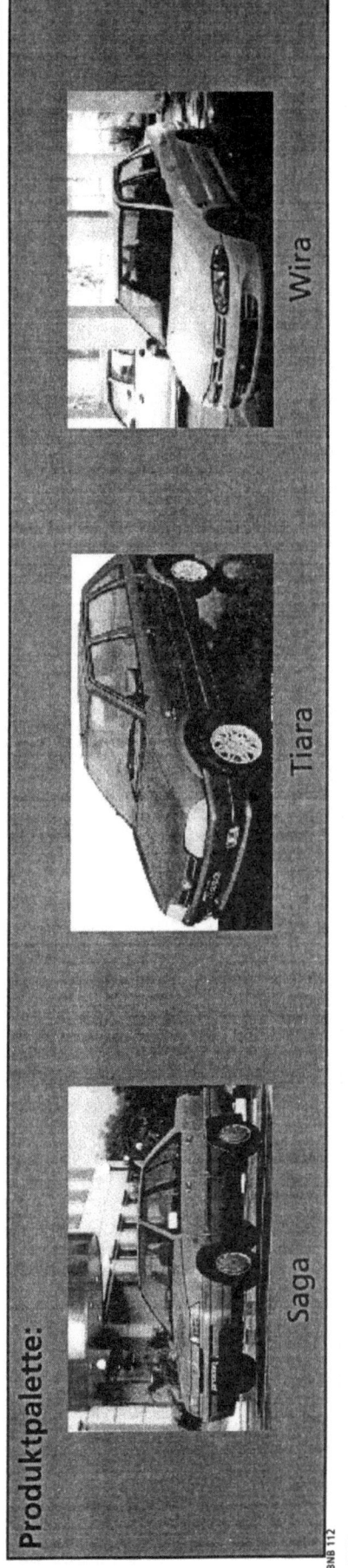

Saga — Tiara — Wira

Automobilzulieferer in Malaysia

Branchenprofil:
- Der überwiegende Teil der Komponenten für den Fahrzeugbau wird lokal bezogen (ca. 300 Zulieferer)
- Deutsche Zulieferer wie : ZF, Bosch, VDO....
- Direkte malaysische Zulieferer sind Komponentenlieferanten und keine Systemlieferanten
- Durch Single-Sourcing Politik der Automobilfirmen ist der Absatz der Produkte der Zulieferer garantiert
- Unterstützung durch Fördermaßnahmen
- Geringe Produktionstiefe und Wertschöpfung

Beipiel Proton:
- 138 direkte Zulieferer
- 80% der Komponenten werden lokal bezogen
- 20% der Komponemten aus Japan (aber nahezu 50% Komponentenkosten)

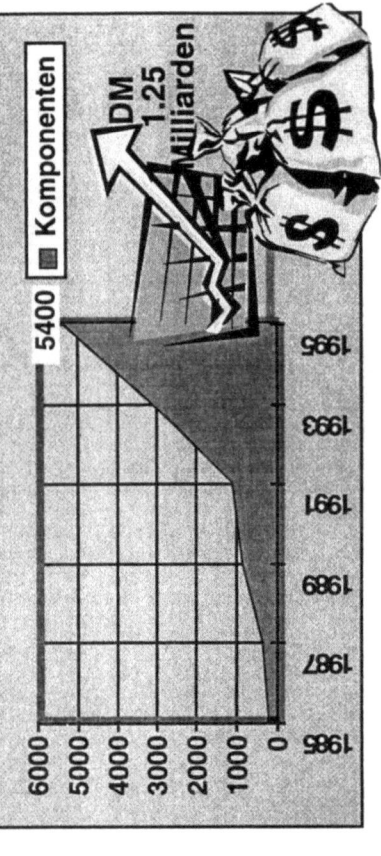

Protons Bezug lokaler Komponenten absolut und monetär

Kategorisierung der Proton Zulieferer nach
Anzahl Beschätigte und Umsatz in Mio RM

Fraunhofer Institut
Produktionstechnik und
Automatisierung

4. Stuttgarter Innovationsforum

Markterschließung Asien - Wettbewerbsvorteile

Vorteile wirtschaftlicher und unternehmerischer Art:

- Kosteneinsparung (niedrigere Lohn- und Lohnnebenkosten, Incentives, Transport, Steuern, Umgebung von Importbeschränkugen und Zölle, etc.)
- Kundennähe (Sicherung und Erhöhung der Marktanteile)
- Neue Märkte - neue Produkte
- Schlüssel zu anderen asiatischen Ländern (Japan)
- Logistische Vorteile, After-Sales-Service, etc.
- Teilnahme an Ausschreibungen
- Image- und Erfahrungszuwachs
- Verringertes Wechselkursrisiko
- etc.

Fraunhofer Institut
Produktionstechnik und
Automatisierung

Markterschließung Asien - Gefahren für Scheitern eines Auslandsengagements

Wirtschaftliche Risiken

- falsche oder teuere Produkte
  a) besteht Bedarf an produziertem Gut im Land
  b) ist das Produkt marktangepaßt bzgl. Qualität, Preis, Design, Werbung, etc.
- falsche Erwartung
  a) Zeit
  b) Finanzen
- mangelnde Vertragstreue
- Technologieabwanderung

Kulturelle Risiken

- unzureichende Planung und Vorbereitung (Asieneuphorie)
- unterschiedliche Zielsetzung
  a) Unternehmensführung- und ziele
  b) Investitionen, Verteilung von Erträgen etc.
  -> Kompatibilität des Partners

Politische Risiken

- staatliche Auflagen
- Vetternwirtschaft, Seilschaften

Fraunhofer Institut
Produktionstechnik und
Automatisierung

Chancen und Risiken

Die Chancen und Risiken für Investoren entsprechen der jeweiligen Wirtschaftsentwicklung

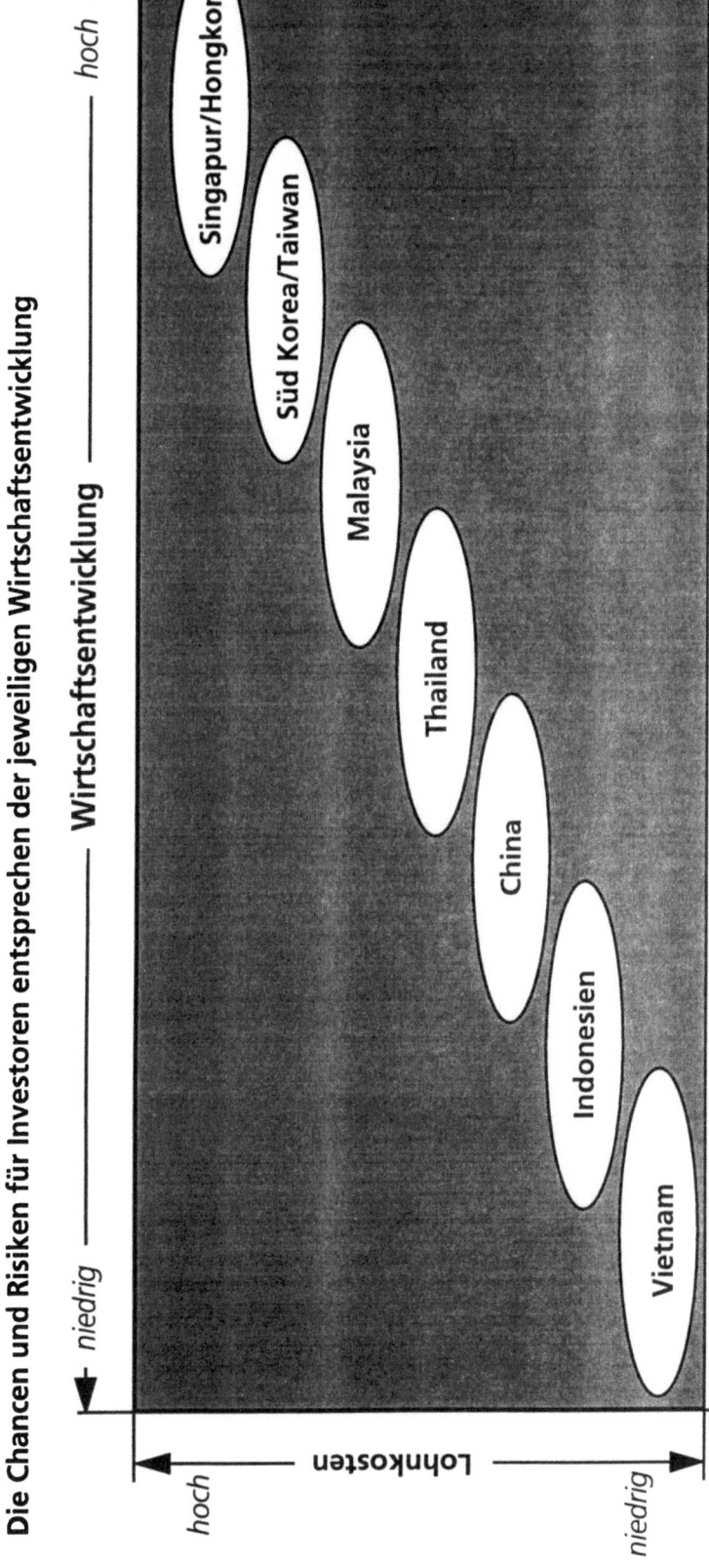

Der asiatisch-pazifische Markt weist nicht die Homogenität auf wie etwa der europäische Markt. Starke regionen- und länderspezifische Unterschiede in Kultur, Zivilisation, Sprache, Region und Niveau der jeweiligen Volkswirtschaften herrschen vor.

 **Fraunhofer** Institut
Produktionstechnik und
Automatisierung

4. Stuttgarter Innovationsforum

Markterschließung Asien - Landesspezifische Entscheidungskriterien

- Wirtschaftliche Rahmenbedingungen (Wachstum, Konkurrenzsituation, Marktpotential, etc.)
- Politische Entwicklungen (Stabilität, Reformen, etc.)
- Rechtliche Indikatoren (Auflagen bei Firmengründung, Schutz geistigen Eigentums, etc.)
- Infrastruktur (Telekommunikation, Strom, Wasser, Dienstleistung, Verkehr, etc.)
- Finanzierung und Besteuerung (Steuern, Abgaben, Incentives, etc.)

- Politische, wirtschaftliche und kulturelle Risiken
- Beschaffung, Produktion und Absatz (Schwierigkeiten in Produktion, Technologiestand, Distribution, etc.)
- Markterschließungsstrategie (Firmenpool, etc.)
- Strategisch, geographische Lage
- Personalwirtschaft (Ausbildungsgrad, Produktivität, Leben als Expat, etc.)
- Kulturelle Einflüsse

Fraunhofer Institut
Produktionstechnik und Automatisierung

Markterschließung Asien - Determinanten des Investitionserfolges

- Technologische Kompetenz
- Einbindung, Aus- und Weiterbildung des lokalen Managements
- Bereitschaft zum Technologietransfer
- Vertrauensbildung durch persönliches Engagement der Firmenleitung
- Aufbau einer standortspezifischen Kompetenz
- Bereitschaft zum langfristigen Engagement
- Geduld und Ausdauer bei Kontaktanbahnung und Verhandlungen

- Internationalisierungsverständnis und -erfahrung
- Identifikation von Marktnischen
- Ausschöpfung aller Informationsangebote
- Inanspruchnahme qualifizierter Investitions-, Verhandlungs- und Rechtsberatung
- Entwicklung eines klaren Investitions- und Marketingkonzeptes
- Markt- und Kundenorientierung
- Vorkehrung zum Schutz vor Technologiemißbrauch

Fraunhofer Institut
Produktionstechnik und
Automatisierung

Markterschließung Asien

Eine befriedigende Auslastung einer lokalen Produktion kann durch verschiedene Maßnahmen erzielt werden:

- Starkes Wachstum des Marktes und / oder der Marktanteile
- Export in ähnlich gelagerte Märkte (z.B. Südamerika)
- Export nach Australien, Nordamerika
- Rücklieferung nach Europa / Deutschland
- Kooperation mit anderen Herstellern
- Auslastung mit Fremdfertigung
- Auslastung durch Erweiterung der Produktpalette

4. Stuttgarter Innovationsforum

Fraunhofer Institut
Produktionstechnik und
Automatisierung

Markterschließung Asien

Zur systematischen Entwicklung einer Internationalisierungsstrategie ist ein stufenweises Vorgehen erforderlich:

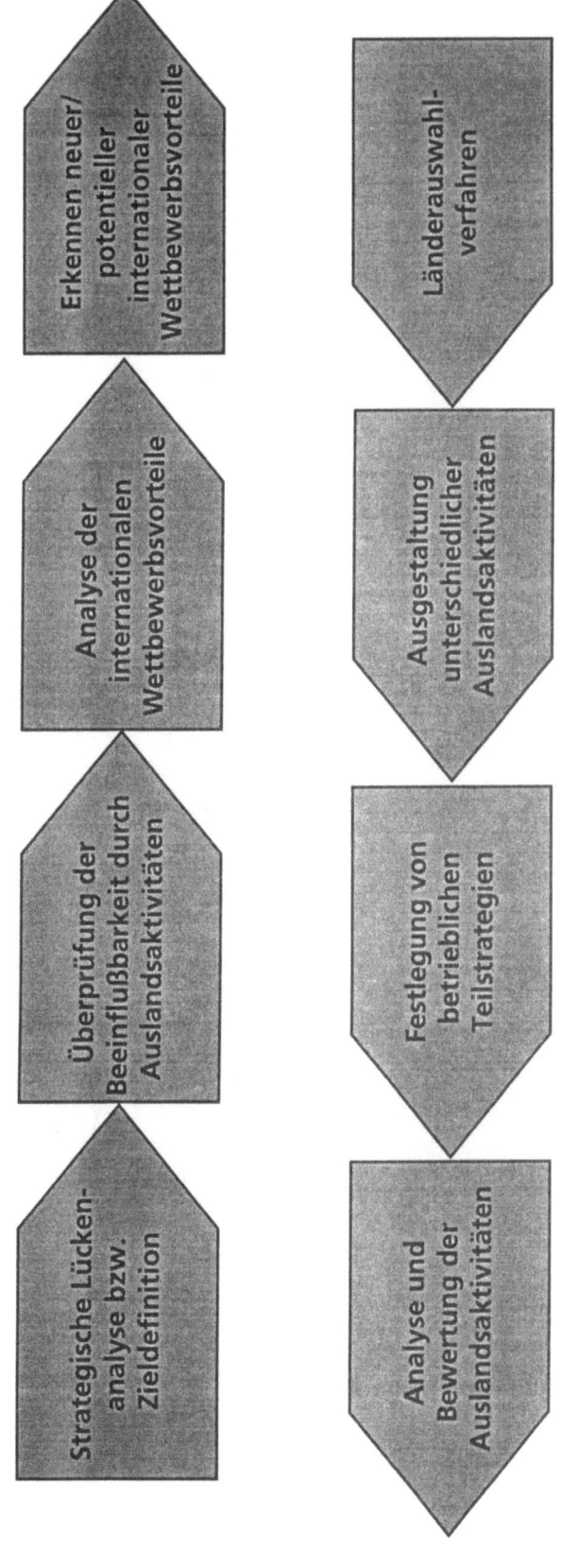

Fraunhofer Institut
Produktionstechnik und Automatisierung

Die Fraunhofer Gesellschaft in Asien

Aktivitäten der Fraunhofer Gesellschaft in Asien:

- **China**
  - Shanghai
- **Süd-Ost Asien**
  - Malaysia (Kuala Lumpur)
  - Singapore

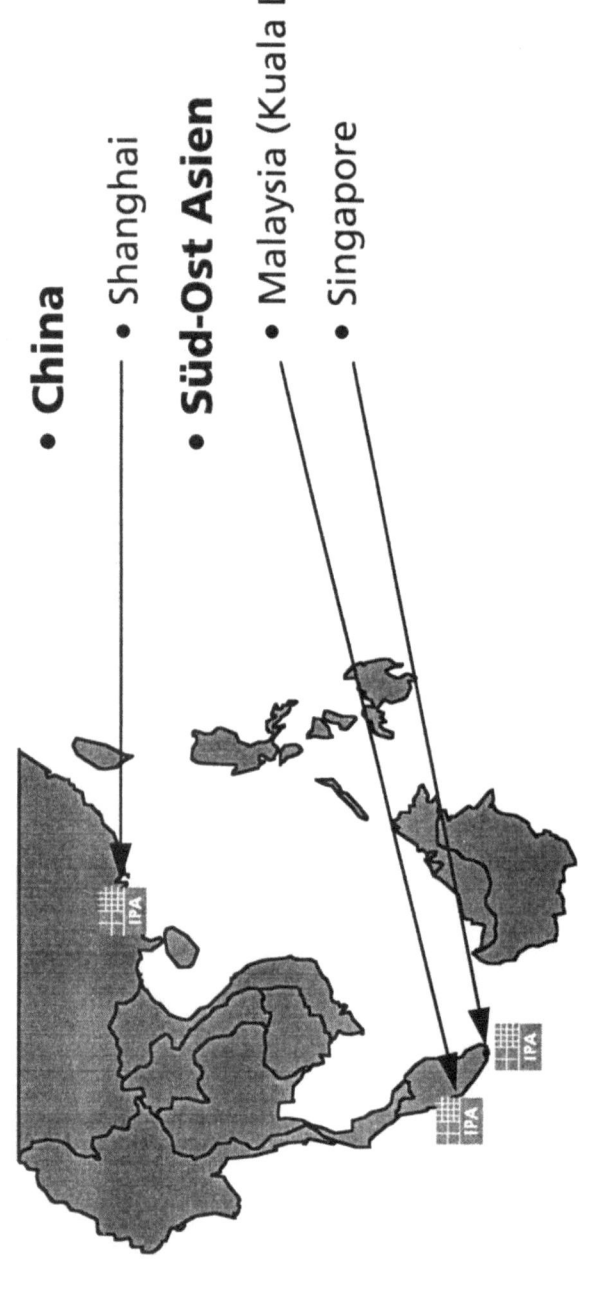

Markterschließung Asien

Durch eine Präsenz in Südostasien läßt sich das Marktpotential erfolgreich ausschöpfen:

"Wer sich in Asien nicht rechtzeitig engagiert, wird später kaum mehr in der Lage sein, Wachstum zu partizipieren."
[Helmut Werner, Mercedes-Benz AG]

"Asien läßt sich auf Dauer nur von Asien aus bearbeiten."
[Dr. Berthold Leibinger, Trumpf AG]

"Willst Du Geschäfte machen, dann zeige Dein Gesicht."
[Chinesisches Sprichwort]

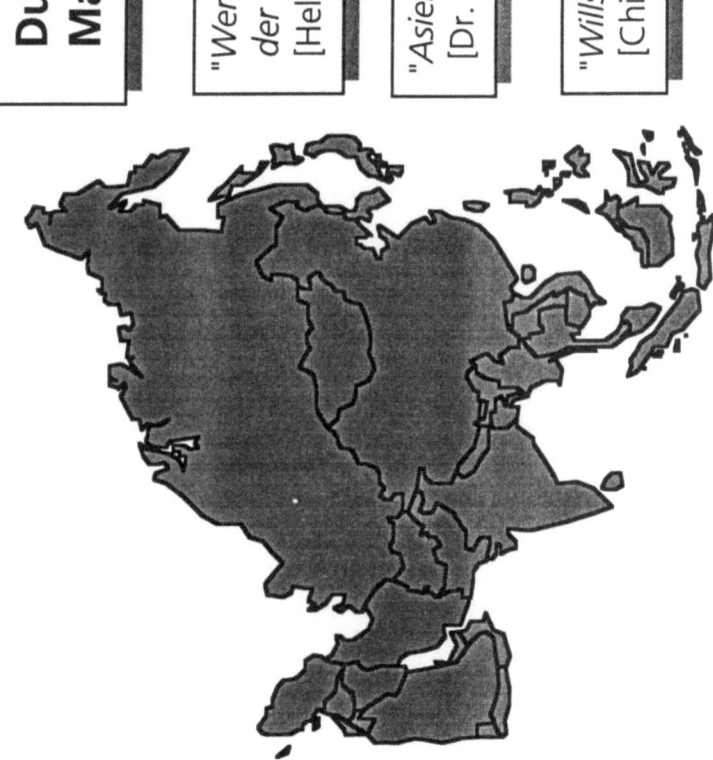

Fraunhofer Institut
Produktionstechnik und
Automatisierung

4. Stuttgarter Innovationsforum

Der Beitrag von
Eberhard Merz

Ein Unternehmensbeispiel für die strategische Neuausrichtung in Europa

wird am Tag der Veranstaltung nachgereicht

Organisation von Logistikprozessen für internationale Beschaffungsstrukturen

Thomas Mlynek

Mercedes Benz
Logistik Nutzfahrzeuge

Vortrag am 13.09.1996
4. Stuttgarter Innovationsforum

13.09.96

Organisation von Logistikprozessen für internationale Beschaffungsstrukturen

Thomas Mlynek
Mercedes Benz AG
Materialeinkauf Nutzfahrzeuge/Logistik
Leiter internationale Logistikprozesse

Mercedes Benz
Logistik Nutzfahrzeuge

Vortrag am 13.09.1996
4. Stuttgarter Innovationsforum

13.09.96

Unser Markt ist der Weltmarkt, diese im Grunde triviale Feststellung ist heute zutreffender als jemals zuvor.

Die Globalisierung der Wirtschaftsbeziehungen vollzieht sich sowohl auf gesamtwirtschaftlicher wie auch auf Unternehmensebene.

Neue Technologien auf den Gebieten Transport und Kommunikation haben dazu geführt, daß Konsumenten und Unternehmen heute in nahezu allen wichtigen Märkten auf ein internationales Angebot an Gütern und Dienstleistungen zurückgreifen können.

So kann in den traditionellen Märkten der Triade künftig lediglich ein moderates Wachstum erwartet werden, während sich das Volumen der PKW- und Nutzfahrzeugmärkte der Schwellenländer Asiens und Lateinamerikas in den kommenden zehn Jahren nahezu verdoppeln könnte.

Für das einzelne Unternehmen ist der gesamtwirtschaftliche Globalisierungsprozeß nicht frei von Risiken. Zugleich bietet er aber enorme Chancen, sofern das Unternehmen bereit ist, sich flexibel auf die veränderten Rahmenbedingungen einzustellen und seine Strukturen entsprechend anzupassen.

Die größte Herausforderung liegt in einem dramatisch verschärften Wettbewerb, welcher mit der Globalisierung der Weltwirtschaft einhergeht. Zunehmend aggressive Wettbewerbsstrategien sorgen für wachsenden Druck sowohl in preislicher wie auch in technologischer Hinsicht.

Produktions- und Entwicklungskapazitäten vor Ort können deshalb zum entscheidenden Wettbewerbsvorteil werden.

Mercedes-Benz in aller Welt

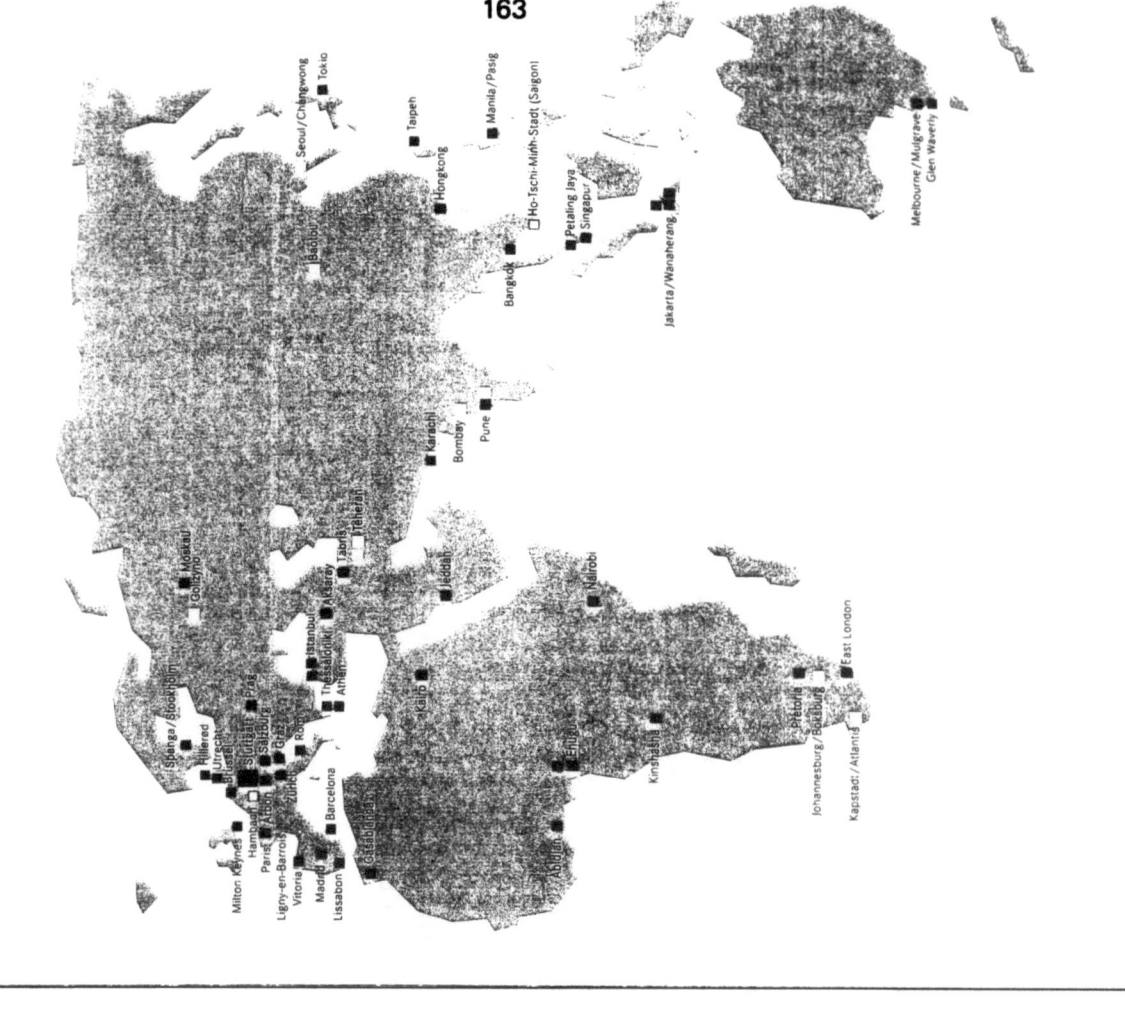

Deutschland
Hauptverwaltung	
Forschung und Entwicklung	
Produktionswerke	15
Verkaufs- und Servicestützpunkte	1.460

Ausland
Produktionswerke	23
Montagebetrieb	14
Lizenznehmer	9
Verkaufs- und Servicestützpunkte	4.847

- ■ Produktion
- ■ Montage
- ■ Vertrieb
- ■ Freightliner
- Lizenznehmer
- □ im Aufbau

Mercedes Benz
Logistik Nutzfahrzeuge

Vortrag am 13.09.1996
4. Stuttgarter Innovationsforum

13.09.96

Durch die Produktion oder die Montage vor Ort können Märkte erschlossen werden, die für Exporte aus heimischer Produktion infolge von zu hohen Zöllen und anderen Importbeschränkungen nur schwer erreichbar sind.

Nicht planbare Risiken aus Veränderungen von Wechselkursrelationen können durch eine globale Ausrichtung der Wertschöpfung bzw. über ein ausgeglichenes Verhältnis zwischen Verkaufsumsätzen einerseits sowie Produktion und Einkaufsvolumen andererseits überwiegend kompensiert werden.

Die Verlagerung von Wertschöpfung ins kostengünstige Ausland im Sinne einer wettbewerbsfähigen Kostenstruktur leiste einen unverzichtbaren Beitrag zur Sicherung der preislichen Wettbewerbsfähigkeit der hochwertigen heimischen Wertschöpfung.

Neue Märkte, die über die globale Ausrichtung der Unternehmensaktivitäten erschlossen werden, sowie die unternehmensinterne Arbeitsteilung im Rahmen internationaler Netzwerke ermöglichen höhere Stückzahlen und damit geringere Stückkosten.

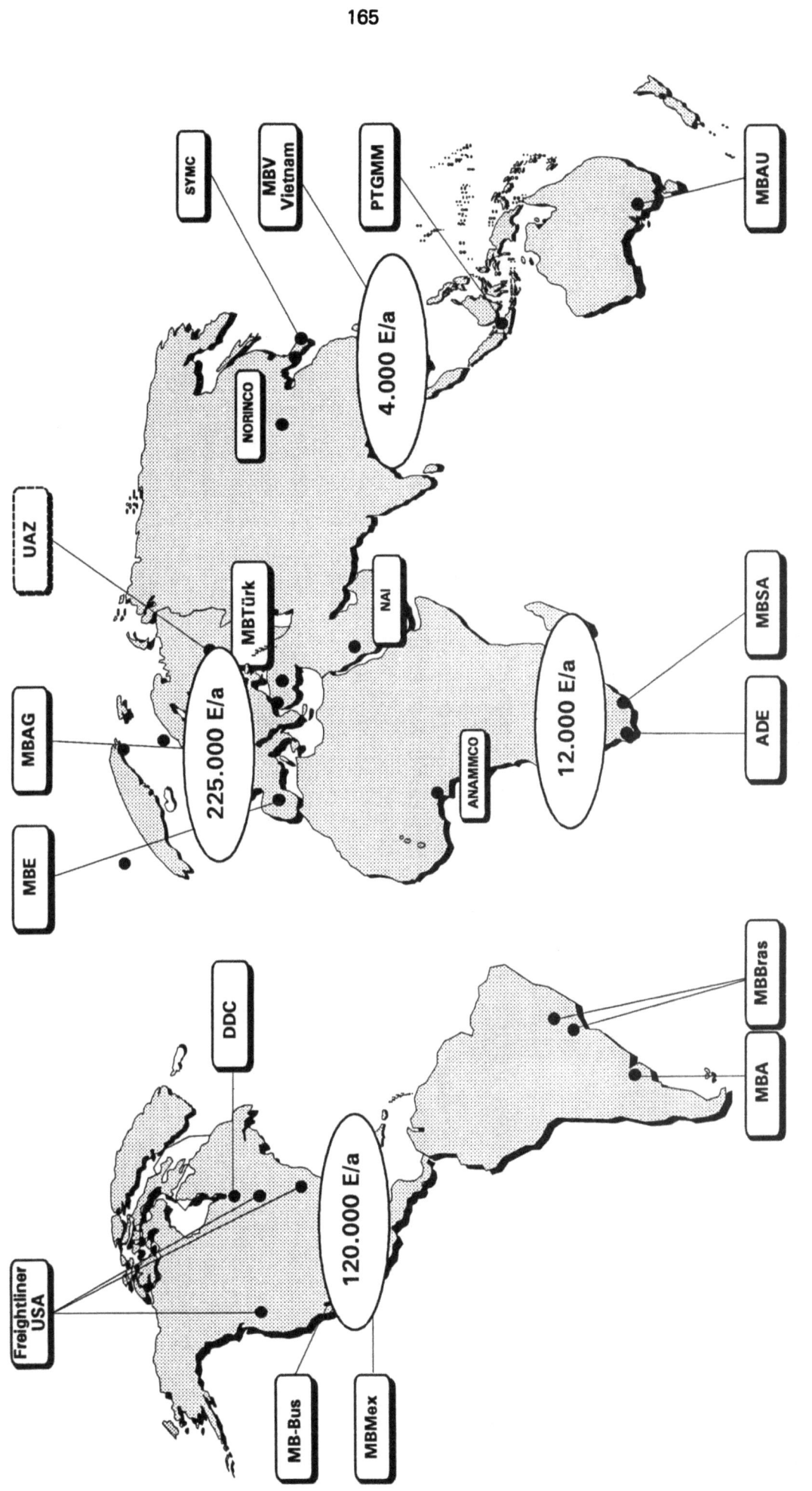

Vortrag am 13.09.1996
4. Stuttgarter Innovationsforum

13.09.96

Mercedes Benz
Logistik Nutzfahrzeuge

Heute verfügt Mercedes Benz im Nutzfahrzeugbereich über ein weltweites Netzwerk von Vertriebs-, Produktions- und Entwicklungsstützpunkten, das durch gegenseitige Belieferung und die Nutzung gemeinsamer Bezugsquellen verflochten ist.

Die "integrierte Regionalstrategie" des Geschäftsfeldes Nutzfahrzeuge sieht den weiteren Ausbau unseres weltweiten Netzwerkes von Vertriebs-, Produktions-, Entwicklungs- und Beschaffungsstandorten vor.

Dabei folgen wir dem Grundsatz, dort zu produzieren, wo unsere Märkte sind, und durch weitgehend eigenständige Unternehmenseinheiten und am lokalen Bedarf orientierten Produktkonzepten ein Höchstmaß an Marktnähe und Wettbewerbsfähigkeit zu erreichen.

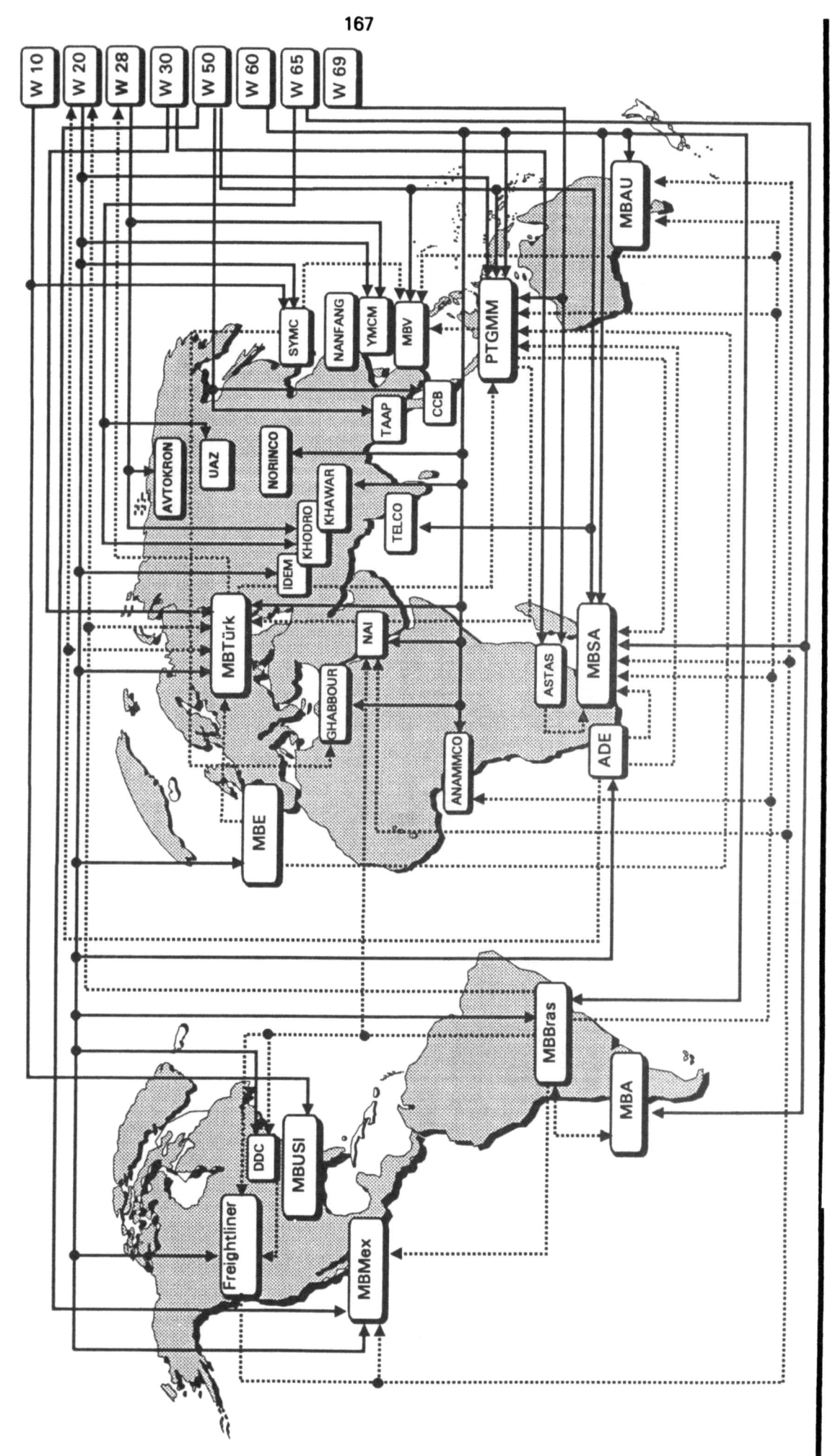

Mercedes Benz
Logistik Nutzfahrzeuge

Vortrag am 13.09.1996
4. Stuttgarter Innovationsforum

13.09.96

Bereits 1994 ist bei unserer indonesischen Gesellschaft die Montage des MB 700 angelaufen.

Für die Produktion dieses Komponenten-Fahrzeuges haben wir weltweites Beschaffungs- und Logistik-Konzept realisiert und eine entsprechende lokale Wertschöpfung eingerichtet.
Nur so ist es möglich, die geforderten Produkt-, Preis- und Qualitätsanforderungen zu erfüllen.

Die Darstellung zeigt die weltweiten Materialzulieferungen, bei denen wir einerseits auf unser eigenes Netzwerk d.h. die Mercedes Benz Standorte zugreifen, andererseits leistungsfähige Lieferanten und Systemlieferanten einbezogen haben.

Mercedes Benz
Logistik Nutzfahrzeuge

Beispiel für weltweite Materialzulieferungen

13.09.96

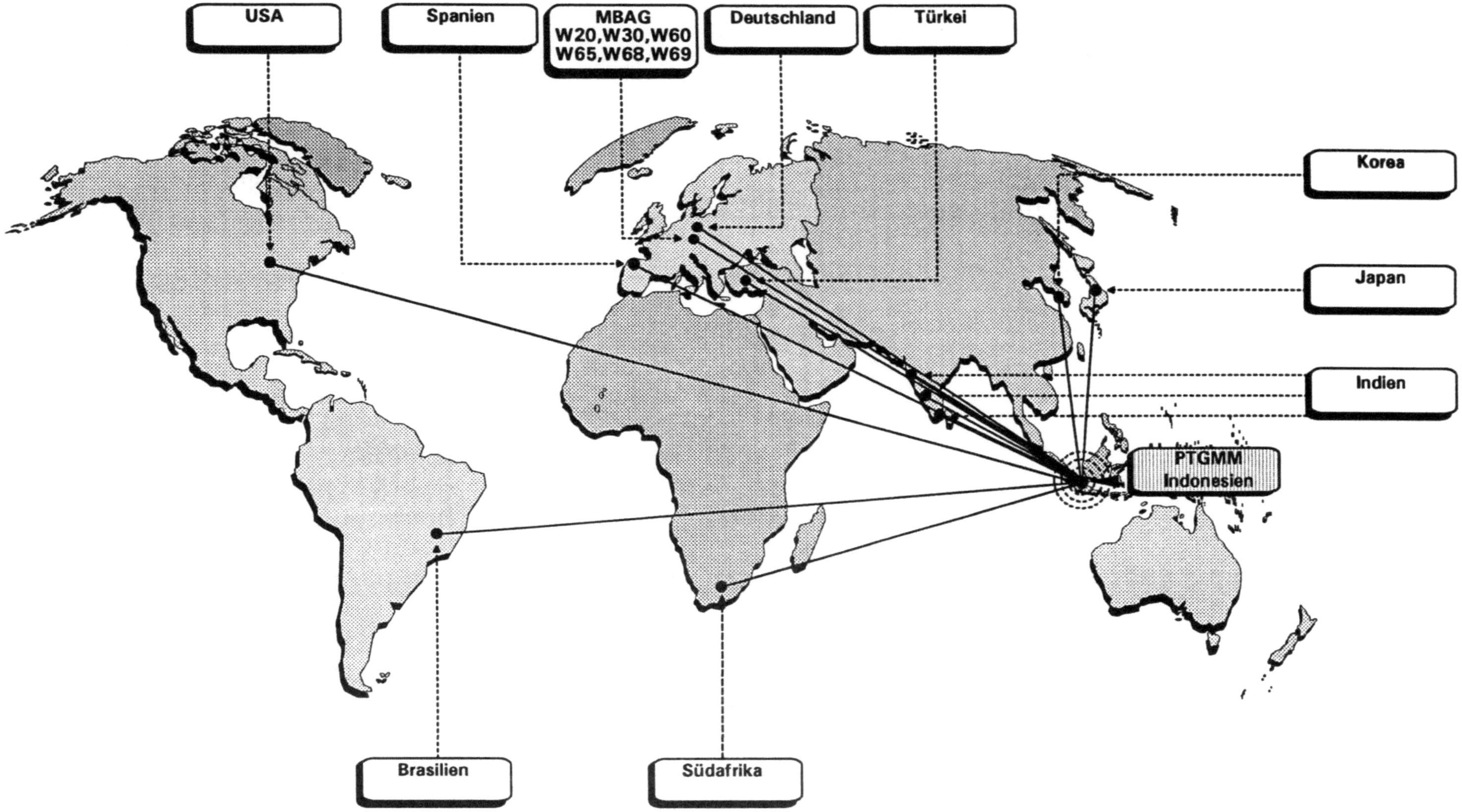

169

| Korea | Japan | Indien |

| USA | Spanien | MBAG W20,W30,W60 W65,W68,W69 | Deutschland | Türkei |

PT GMM Indonesien

| Brasilien | Südafrika |

r:\pmlog\pmlog10.DS4

Mercedes Benz
Logistik Nutzfahrzeuge

Vortrag am 13.09.1996
4. Stuttgarter Innovationsforum

13.09.96

In meinen weiteren Ausführungen möchte ich die einzelnen Faktoren näher erläutern und die Aktivitäten unseres Hauses anhand von Beispielen konkretisieren:

Prinzipiell haben wir den internationalen Logistikprozeß wie im Schaubild dargestellt segmentiert:

- interner Logistikprozeß im Lieferwerk bzw. beim Lieferanten

- externer internationaler Logistikprozeß

- externer nationaler Logistikprozeß

- interner Logistikprozeß im Montagewerk

Jedes einzelne Prozeßelement stellt besondere Anforderungen und Prioritäten an die Optimierung.

Eines haben selbstverständlich alle gemeinsam; nur in der gesamtheitlichen Betrachtung liegt für das Unternehmen der Erfolg.

Logistikprozesse im internationalen Produktions- und Lieferverbund

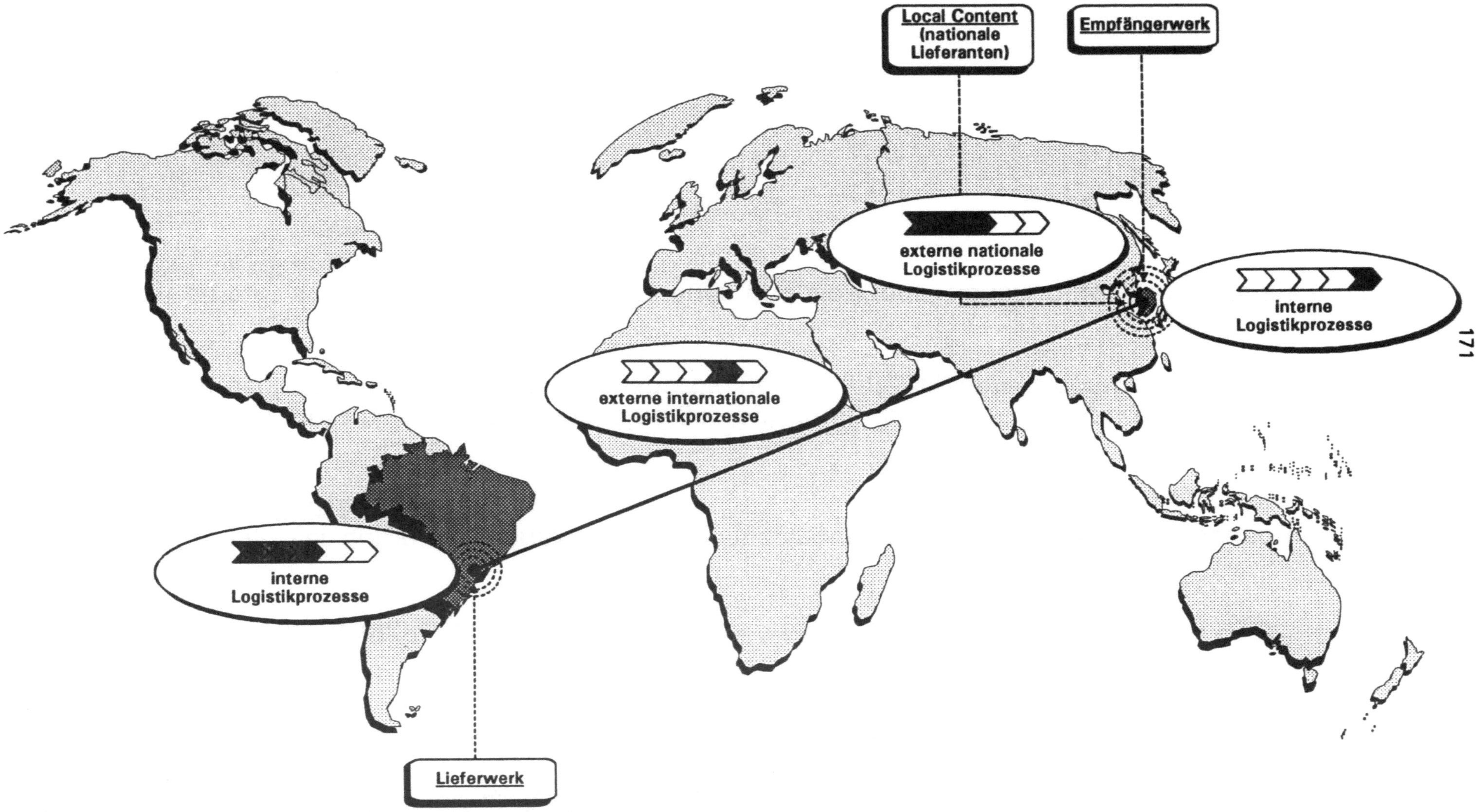

**Mercedes Benz
Logistik Nutzfahrzeuge**

13.09.96

171

interne Logistikprozesse

Empfängerwerk

Local Content (nationale Lieferanten)

externe nationale Logistikprozesse

externe internationale Logistikprozesse

Lieferwerk

interne Logistikprozesse

Mercedes Benz
Logistik Nutzfahrzeuge

Vortrag am 13.09.1996
4. Stuttgarter Innovationsforum

13.09.96

Das Spannungsfeld dieser Optimierungsaktivitäten ist das "magische Dreieck der Logistik"

▶ Der Faktor Zeit hat hier durch die räumlichen Rahmenbedingungen eine herausragende Bedeutung hinsichtlich der Flexibilität zum Markt.

▶ Die Kostentreiber im internationalen Prozeß sind geprägt durch die hohen Transportkosten und die Kapitalbindung bedingt durch die langen Transportwege und ggf. geplante Sicherheitsbestände.

▶ Die Qualität umfaßt sowohl die Materialzulieferungen und die Produktionen in der Fabrik als auch die Qualität des Logistikprozesses.

Mercedes Benz AG
Logistik Nutzfahrzeuge

Beschleunigung des weltweiten Lieferprozesses

13.09.96

Der weltweite Logistikprozess im Spannungsfeld zwischen

Zeit - Kosten - Qualität

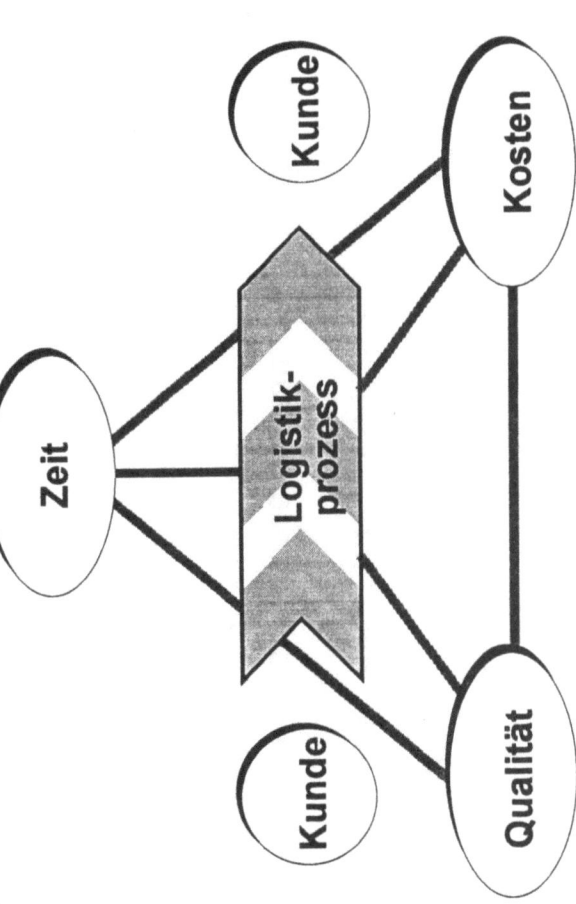

Zielsetzung :
Beschleunigung des weltweiten Logistikprozesses bei reduzierten Kosten und erhöhter Logistikqualität

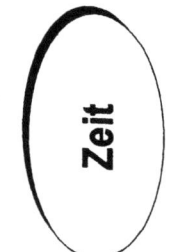

Mercedes Benz
Logistik Nutzfahrzeuge

Vortrag am 13.09.1996
4. Stuttgarter Innovationsforum

13.09.96

Zeit

Zur informellen Vernetzung und Beschleunigung der Zulieferungen haben wir einen zentralen Datenpool eingerichtet, in dem alle Produktionsprogramme unserer Gesellschaften differenziert nach Typen, Monatsvolumina und Mengenentwicklung rollierend für die nächsten 12 Monate abgespeichert sind und auf den unsere Gesellschaften über das "Global Area Network" der Daimler-Benz AG online zugreifen können (Schaubild).

Die von uns durchgeführten Benchmarks haben gezeigt, daß wir im zeitlichen Wettbwerb um die Flexibilität am Markt mit unseren japanischen Wettbewerbern ohne Einschränkungen bestehen können (Schaubild).

Zur Absicherung dieser Zeitleiste sind allerdings eine Reihe von Detailfaktoren zu berücksichtigen um das Zusammenspiel des weltweiten "Räderwerkes" sicherzustellen.

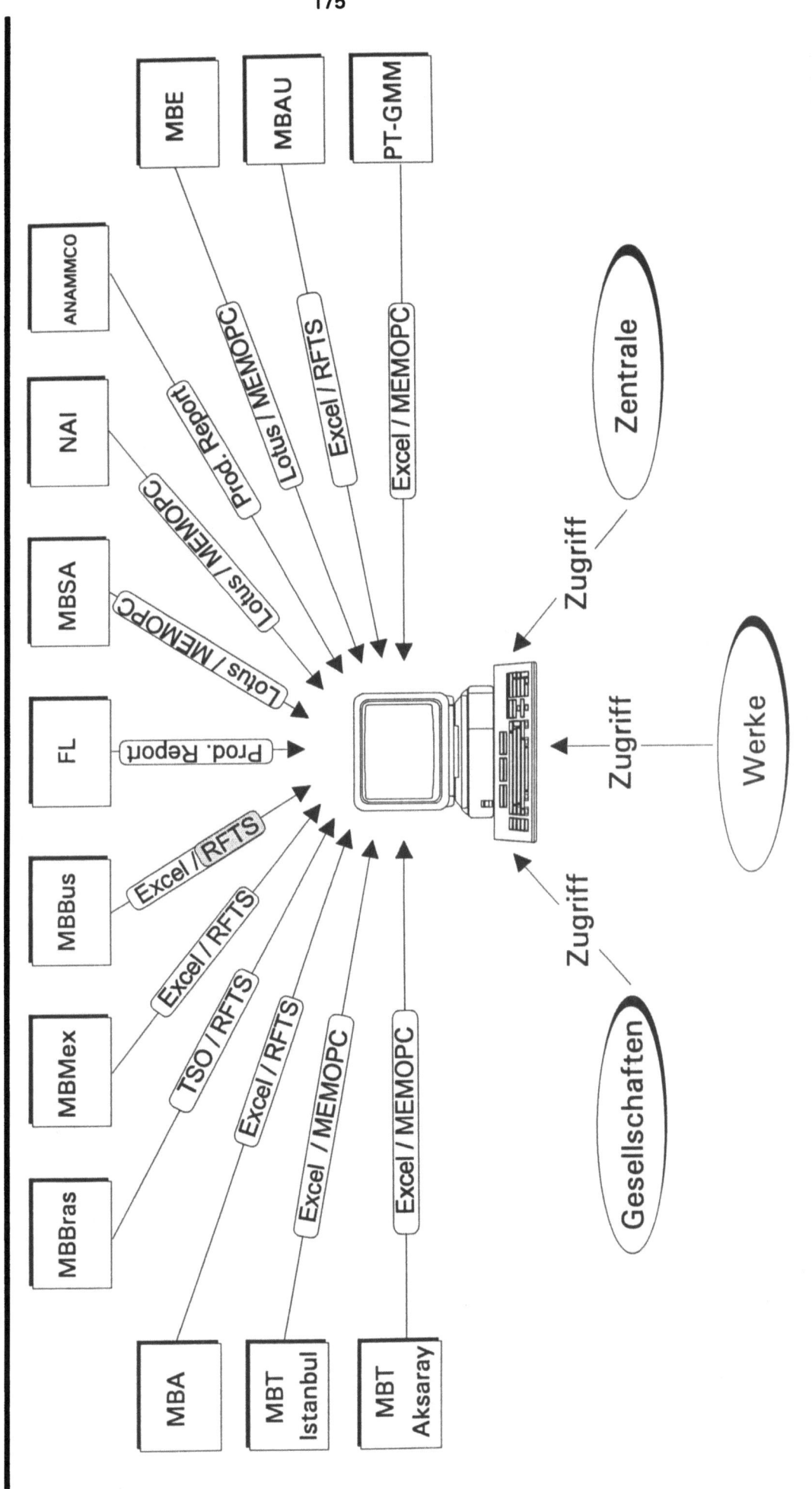

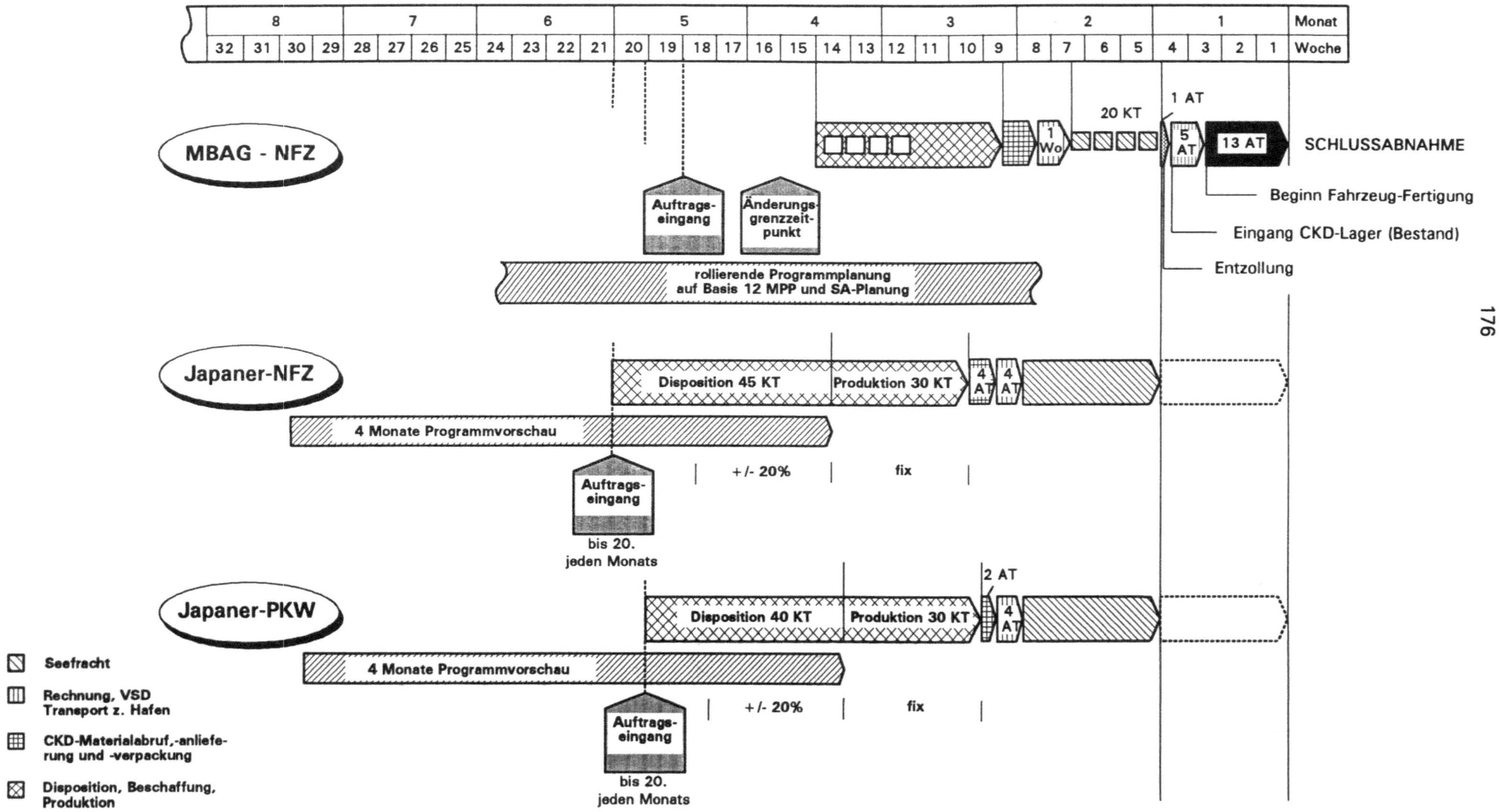

**Mercedes Benz
Logistik Nutzfahrzeuge**

Definition Zeitleiste

13.09.96

Zeitleisten-
parameter

▶ Rollierende Programmplanung auf Basis 12 MPP und SA-Planung

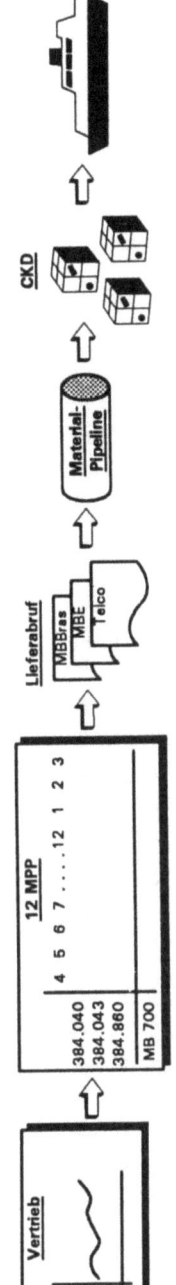

- Voraussetzung für die Beschleunigung des Logistikprozesses

- Rollierende Bedarfsermittlung der Hausteile, nationalen Umfänge und der internationalen Zulieferungen mit der Zielsetzung:

  * Durchführung einer kontinuierlichen Bedarfsplanung in den Lieferwerken, so daß kurzfristige Änderungen im Lieferabruf realisierbar sind

Mercedes Benz
Logistik Nutzfahrzeuge

Vortrag am 13.09.1996
4. Stuttgarter Innovationsforum

13.09.96

Kosten

Wesentliches Optimierungselement ist eine durchgängige Betrachtung des Prozesses von der Bestellung bis zur Montage.

In der Vergangenheit wurden hohe Sicherheitsbestände im Zoll-Lager aufgebaut und die Materialbereitstellung isoliert organisiert (Schaubild).

Durch die Synchronisation von Bestellung, Abruf, Schiffsfrequenz, Zoll-Lager, Entzollung und Materialversorgung der Montage konnten die Bestände kontinuierlich reduziert werden (Schaubild).

Durch die Zulieferung in Wochenfrequenzen (entsprechend den Fahrplänen der Containerlinien) haben unsere Gesellschaften die Möglichkeit entsprechend ihrer Produktionsplanung die notwendigen Mengen und Typen abzurufen und dadurch die Flexibilität zu erhöhen und Bestandskosten zu reduzieren.

Um auch beim Transport economies of scale zu realisieren haben wir über unsere weltweiten Transportvolumina günstige Konditionen für unsere Gesellschaften verhandelt und über die Einbeziehung von externen Dienstleistern zur Konsolidierung des zu verschiffenden Materials erhebliche Kostenreduzierungen ermöglicht.

Über den Datenaustausch mittels Datenfernübertragung (DFÜ) auf Basis der VDA bzw. ODETTE-Formate werden schnellstmöglich die notwendigen Informationen ausgetauscht und die Transparenz in der "Materialpipeline" hergestellt.

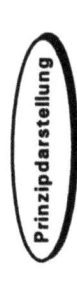

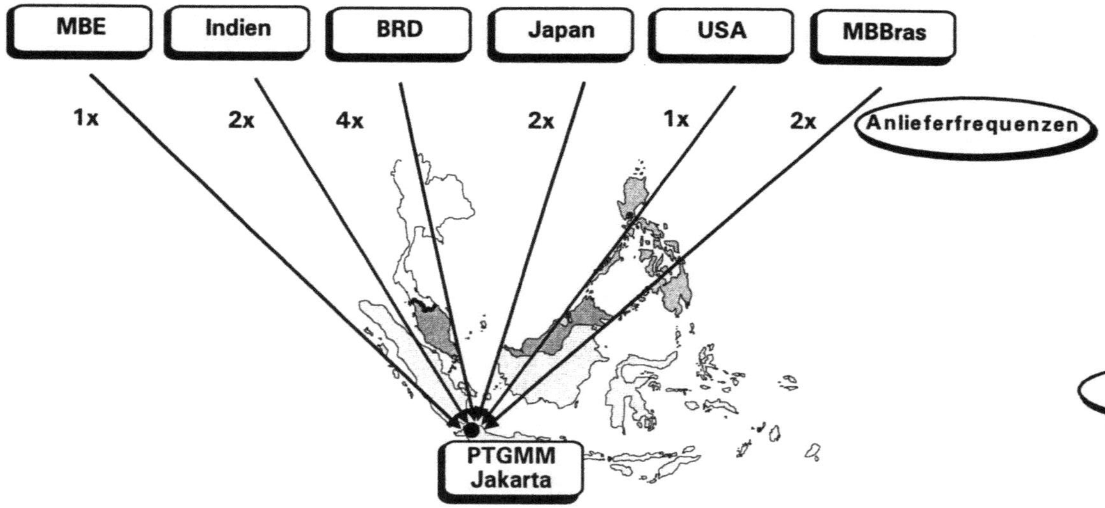
MBE
Indien
BRD
Japan
USA
MBBras
1x
2x
4x
2x
1x
2x
Anlieferfrequenzen
PTGMM
Jakarta

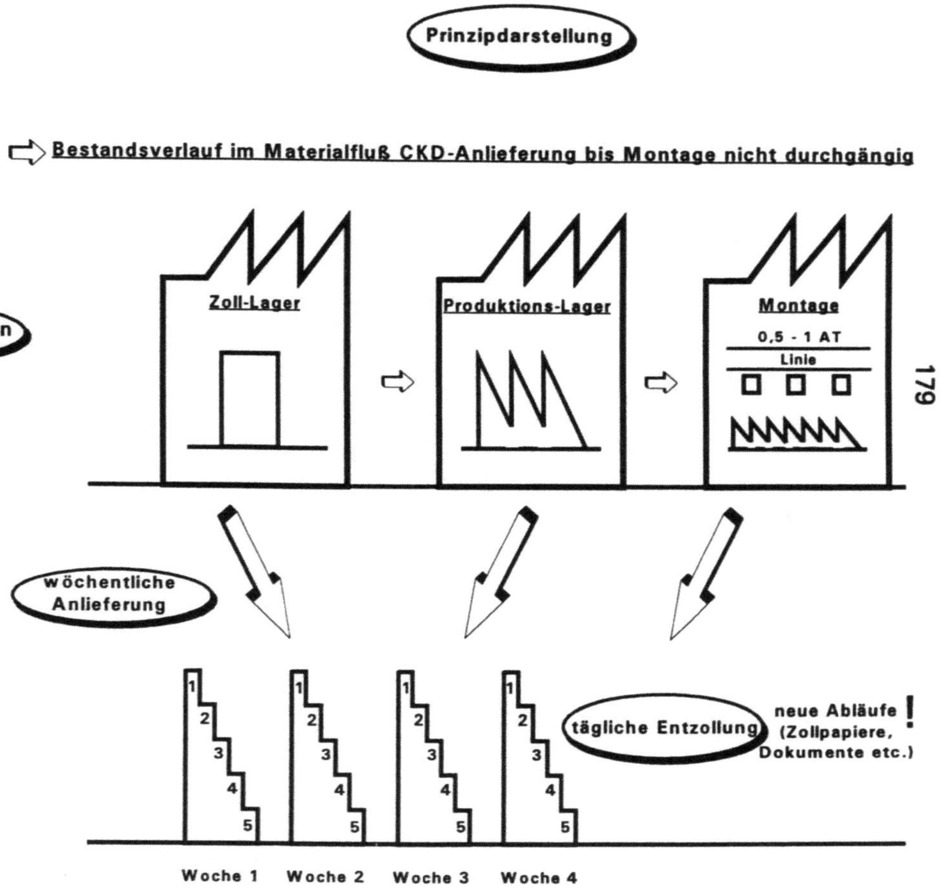
Prinzipdarstellung
Bestandsverlauf im Materialfluß CKD-Anlieferung bis Montage nicht durchgängig
Zoll-Lager
Produktions-Lager
Montage
0,5 - 1 AT
Linie
wöchentliche
Anlieferung
1
2
3
4
5
Woche 1
Woche 2
Woche 3
Woche 4
tägliche Entzollung
neue Abläufe !
(Zollpapiere,
Dokumente etc.)

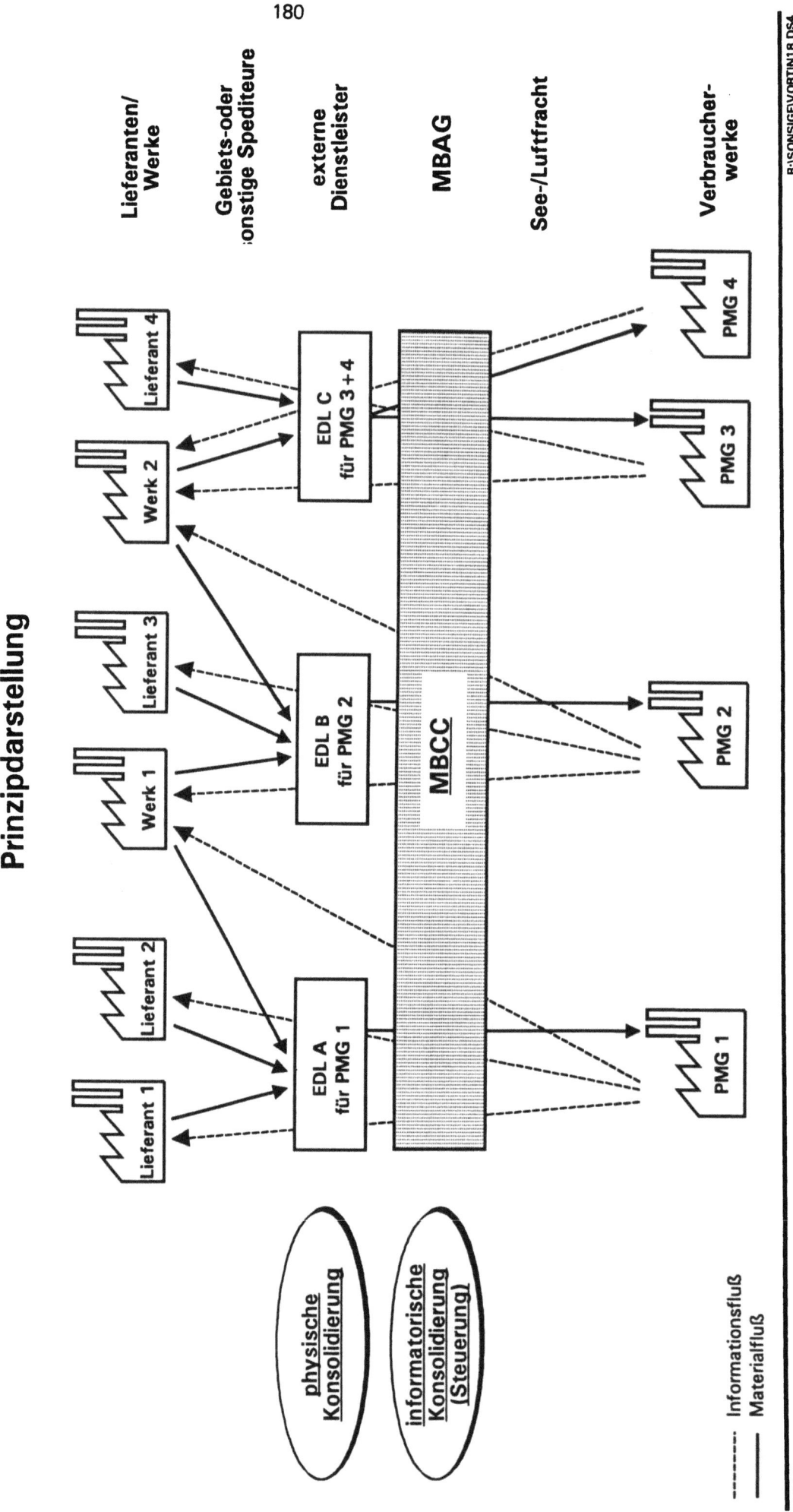

**Mercedes Benz
Logistik Nutzfahrzeuge** Ablauf Lieferabruf bei Einbeziehung EDL (Variante II) 13.09.96

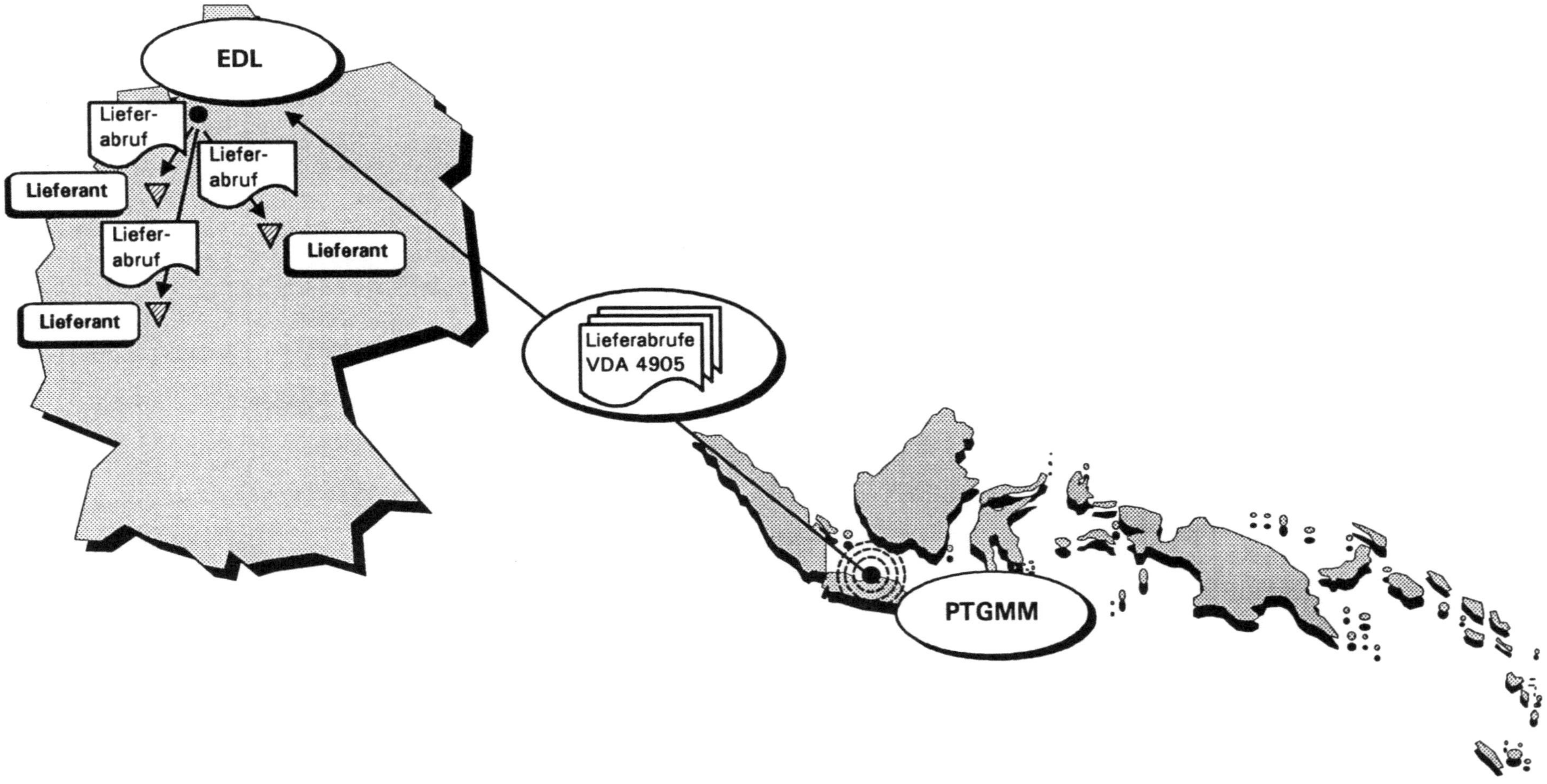

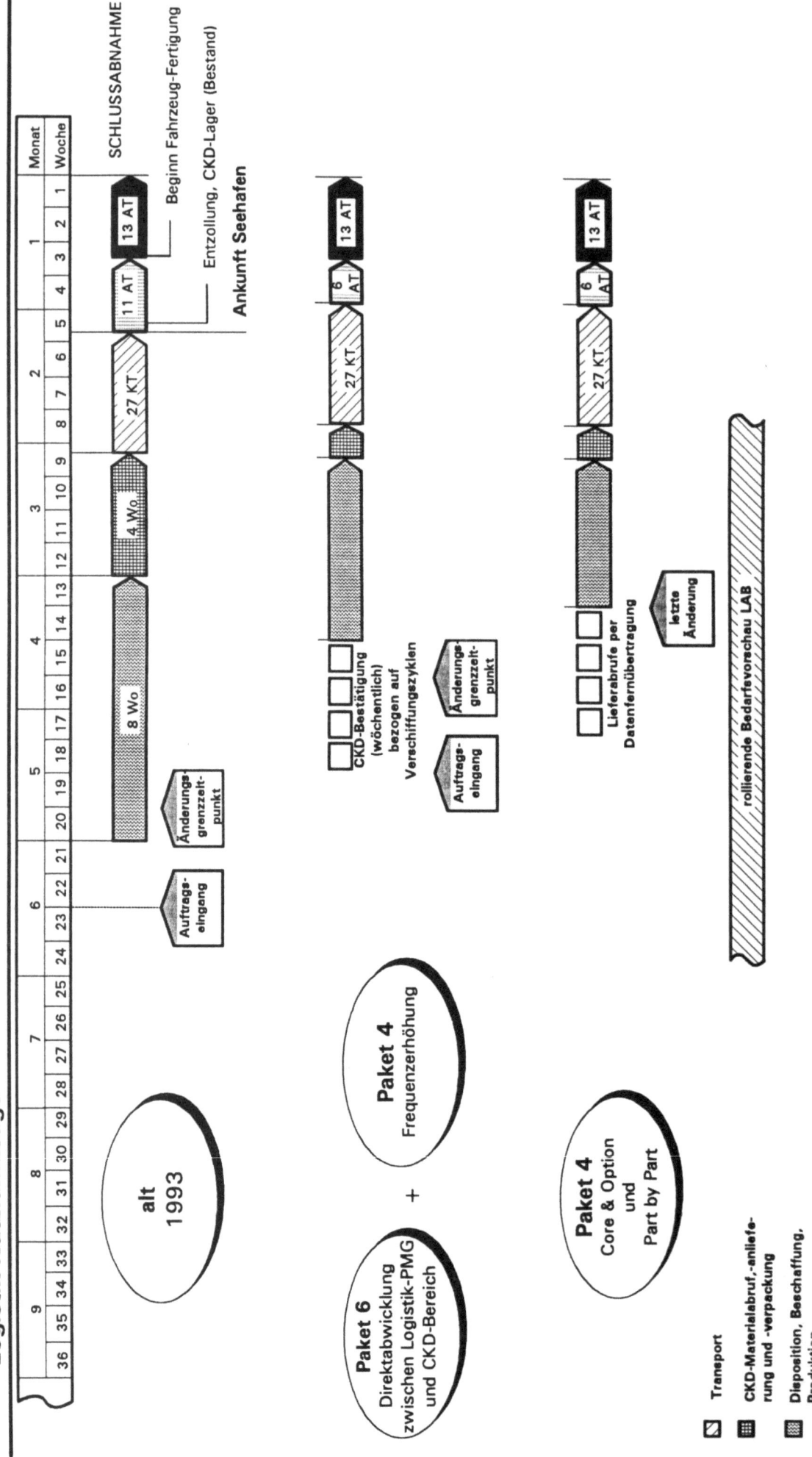

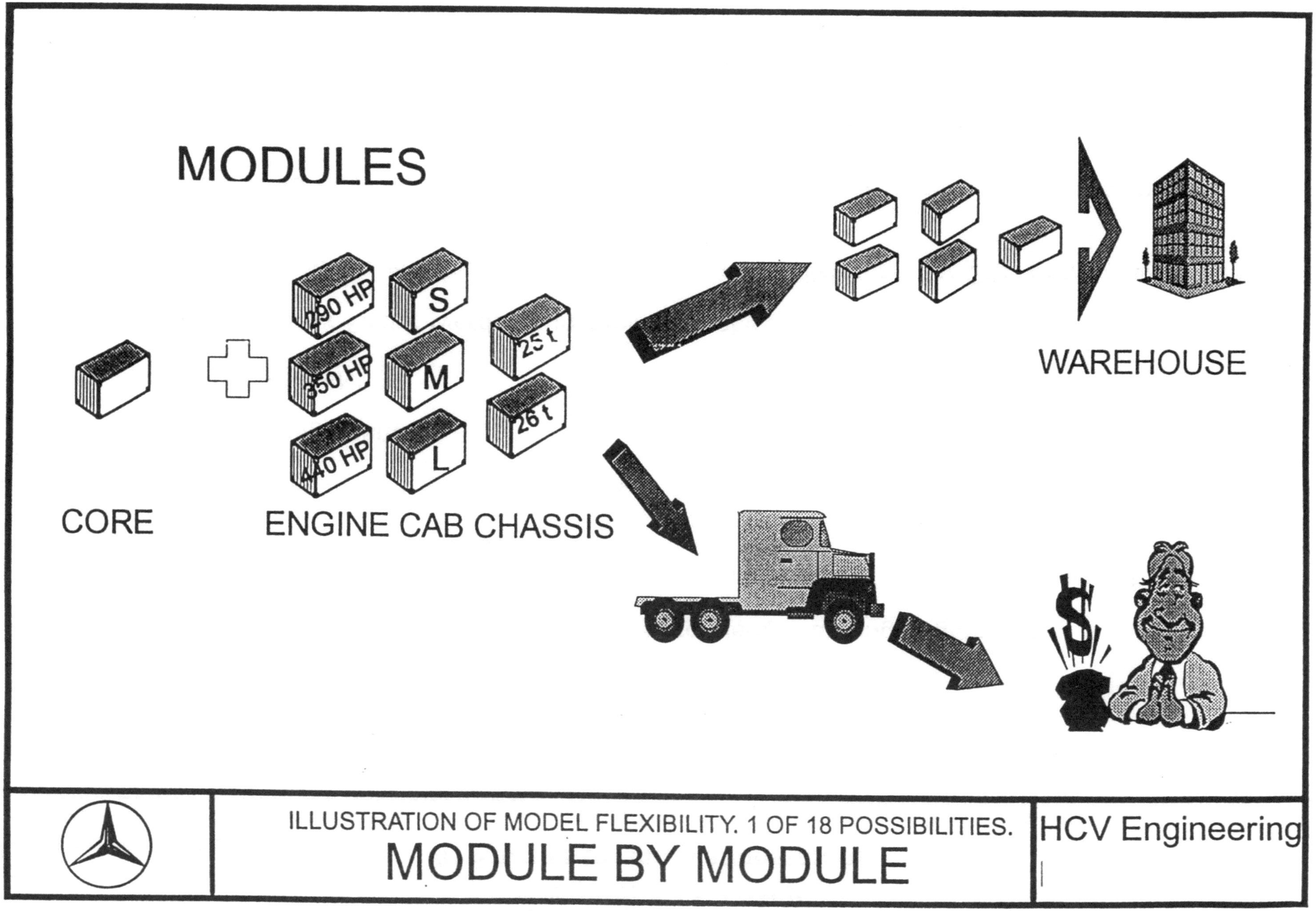

MODULE BY MODULE
ILLUSTRATION OF MODEL FLEXIBILITY. 1 OF 18 POSSIBILITIES.

HCV Engineering

MODULES

CORE

ENGINE CAB CHASSIS

- 290 HP, 350 HP, 440 HP
- S, M, L
- 25 t, 19 t

WAREHOUSE

Mercedes Benz
Logistik Nutzfahrzeuge

Vortrag am 13.09.1996
4. Stuttgarter Innovationsforum

13.09.96

Qualität

Auf diesem Feld des "magischen Dreiecks" haben wir besondere Erfahrungen gemacht.

Gerade mit der fernöstliche Kultur gibt es einige Spannungsfelder die es sorgsam zu planen gilt und bei den Vorwarnmechanismen implementiert werden müssen.

Beispiele : - Vorausschauende Verfügbarkeitsprüfung

- Bestandsmanagement

- Es gibt kein "NEIN"

- Die Ursachen für Fehler werden kunstvoll "vernebelt"

Ein wesentlicher Punkt ist selbstverständlich auch die fehlerfreie Zulieferung der CKD-Sätze bzw. Teile hinsichtlich Produktqualität, Quantität und Identität.

Hier haben wir im Sinne von KVP einen Regelmechanismus eingesetzt, der diesen Prozeß absichern hilft.

Die Beschreibung der Abläufe und Prozesse -auch im Sinne der ISO 9000- sei nur der Vollständigkeit erwähnt.

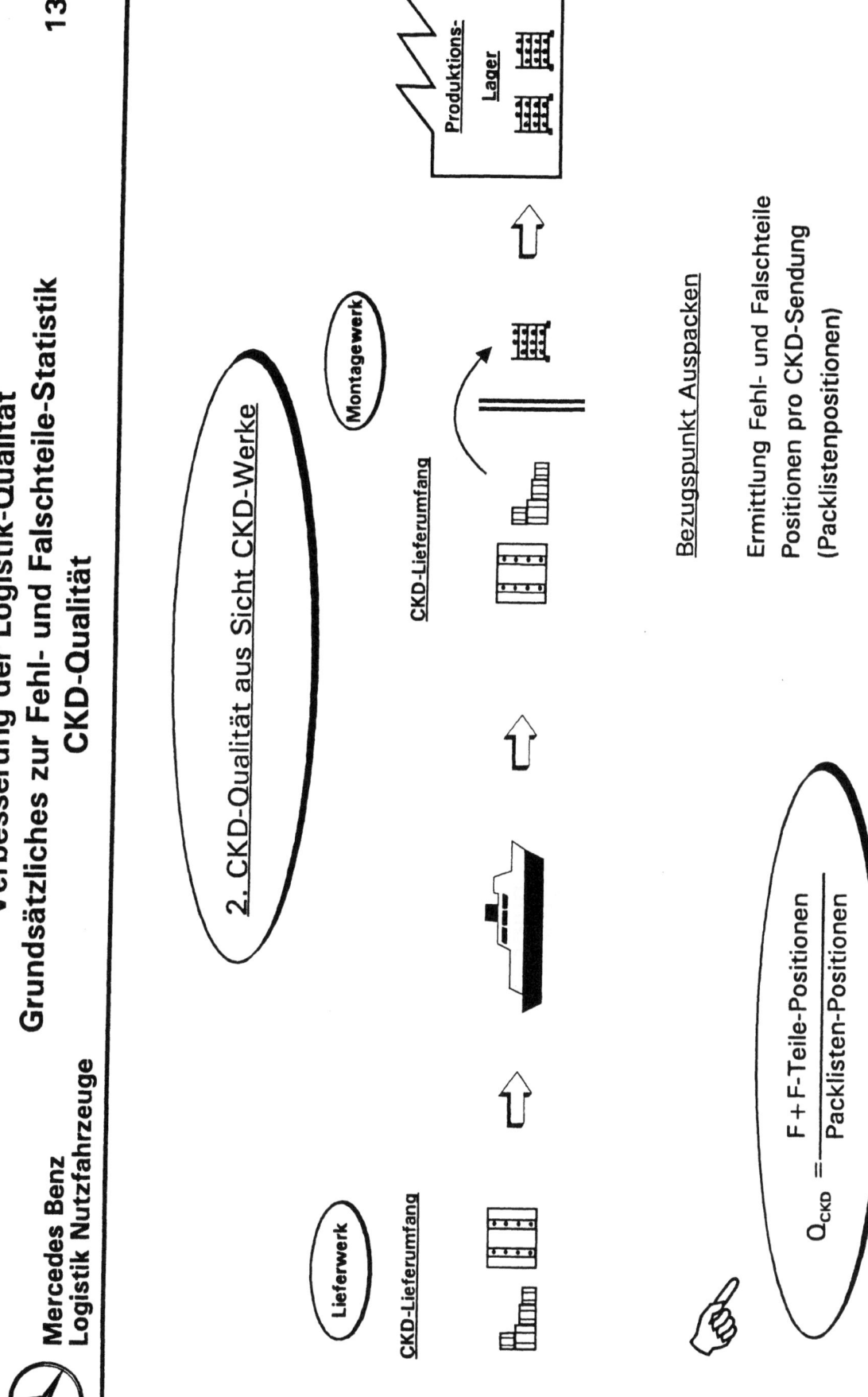

Mercedes Benz
Logistik Nutzfahrzeuge

Vortrag am 13.09.1996

4. Stuttgarter Innovationsforum

Fazit:

Nur durch unsere weltweite Präsenz in den Märkten und der damit verbundenen lokalen Wertschöpfung, sowie unserem internationalen Produktions- und Lieferverbund Netzwerk ist es möglich dem Wettbewerbsdruck zu widerstehen und neue Segmente zu erschließen.

Durch eine gesamtheitliche Betrachtung und Optimierung der Prozesse können wir die notwendige Flexibilität zum Markt sicherstellen und in Kombination mit dem integriertem Sourcing- und Logistik-Konzept auch die hochwertigen Zulieferungen vom Standort Deutschland ermöglichen.

Damit leisten wir einen Beitrag um die Unternehmen am Standort Deutschland auch weiterhin zu den Gewinnern im internationalen Wettbewerb zählen zu können.

If you have any concerns about our products,
you can contact us on
ProductSafety@springernature.com

In case Publisher is established outside the EU,
the EU authorized representative is:
**Springer Nature Customer Service Center GmbH
Europaplatz 3, 69115 Heidelberg, Germany**

Printed by Libri Plureos GmbH
in Hamburg, Germany